木里县梭罗沟金矿地球物理勘探深部勘查研究

武斌 皇健 余舟 杨勇 陈宁/著

四川大学出版社

项目策划：胡晓燕
责任编辑：胡晓燕
责任校对：周维彬
封面设计：墨创文化
责任印制：王　炜

图书在版编目（CIP）数据

木里县梭罗沟金矿地球物理勘探深部勘查研究 / 武斌等著. — 成都 : 四川大学出版社, 2020.11
ISBN 978-7-5690-3939-9

Ⅰ. ①木… Ⅱ. ①武… Ⅲ. ①金矿床—地球物理勘探—研究—木里藏族自治县 Ⅳ. ①P618.51

中国版本图书馆 CIP 数据核字（2020）第 213098 号

书名　木里县梭罗沟金矿地球物理勘探深部勘查研究

著　　者	武　斌　皇　健　余　舟　杨　勇　陈　宁
出　　版	四川大学出版社
地　　址	成都市一环路南一段 24 号（610065）
发　　行	四川大学出版社
书　　号	ISBN 978-7-5690-3939-9
印前制作	四川胜翔数码印务设计有限公司
印　　刷	四川盛图彩色印刷有限公司
成品尺寸	185mm×260mm
印　　张	9.75
字　　数	236 千字
版　　次	2020 年 11 月第 1 版
印　　次	2020 年 11 月第 1 次印刷
定　　价	56.00 元

◆ 读者邮购本书，请与本社发行科联系。
电话：(028)85408408/(028)85401670/
(028)86408023　邮政编码：610065
◆ 本社图书如有印装质量问题，请寄回出版社调换。
◆ 网址：http://press.scu.edu.cn

四川大学出版社
微信公众号

前　言

（岩）金矿勘查，地质手段众多，但效果莫衷一是。随着科学技术的发展，地球物理勘探成为不可或缺的手段之一。本书以木里县梭罗沟金矿为例，开展相关的地球物理勘查研究，以实效为目的，结合编者自身的经验，较为系统地归纳总结了地球物理方法在（岩）金矿勘查中的应用。

本书依据“木里县梭罗沟金矿（15 号矿体）地球物理勘探深部勘查研究”项目的研究成果总结而来。在研究过程中，全面收集了木里县梭罗沟金矿的地质、物探、钻探、化探等相关资料；详细调查了研究区域的地质背景，分析了梭罗沟金矿的成矿地质、地球物理环境。主要根据物探重、磁、电工作推测研究区内断层破碎带、矿体和围岩的电阻率差异规律，研究矿体深部勘查赋存规律；预测整个梭罗沟金矿矿体空间分布规律；推测研究区内深部赋存的有利目标区，为梭罗沟金矿圈定远景区。

本书着重研究了 2018 年度和 2019 年度四川省地质矿产勘查开发局物探队在梭罗沟金矿开展的地球物理勘查工作。重、磁、电地球物理三大理论皆有涉及，电（磁）法包括了激电测深法和音频大地电磁测深法。根据重磁面积工作成果，对本研究区内的断裂构造进行了推测，得到了较详细的研究区内东西向主要控矿断裂构造与南北向次级断裂构造；对主要控矿断裂构造东西向延伸方向进行了推测。在已知矿体上开展的重磁综合剖面研究，均表现出重力梯级带和负磁异常特征，根据这一地球物理特征，推测主要控矿断裂向东延伸，但实测的左行走滑 F6 断裂，断距较大，在挖金沟矿化点东侧，也存在明显的北东向重力梯级带，推测该区存在类似性质的走滑断裂，可能会对控矿断裂的连续性造成破坏。P76 勘探线主要位于 15 号矿体处，北西向垂直穿越 15 号矿体。P76 剖面上各个不同地质体（碎屑岩、灰岩与基性火山岩段等）的电阻率值表现为不同的空间异常形态展布；从 P76 剖面上可以看出，在剖面中部存在明显的相对中阻异常体，推测为主要的构造破碎矿化带，其浅部倾角较陡，深部近似直立，推测该异常可能为矿体或由矿体引起，且其向深部展布形态较好，有较明显的第二成矿空间存在。对梭罗沟金矿进行的物探结果，15 号矿体深部以及 3 号远景区深部矿致异常，以及东西两边的隐伏物探异常，增加了梭罗沟储量。

在本书编写过程中，第一章、第二章、第三章和第四章由武斌、皇健、余舟完成，第五章由武斌、皇健、陈宁完成，第六章由武斌、余舟、杨勇完成，第七章和第八章由武斌、余舟、皇健完成，书中的部分图片由冉中禹、陈挺、刘鹏、曹蜀湘、李诗倢绘制，四川省地质矿产勘查开发局区域地质调查队高级工程师张文林、高级工程师席孝义和教授级高级工程师徐志明提供了部分地质、钻探、化探资料，全书由武斌修改定稿。

感谢木里县容大矿业有限责任公司各位领导和同行在编写本书时给予的无私帮助。

本书可供从事地球物理勘查专业，特别是金属地球物理勘查的科研人员学习和作为参考，还可作为地质院校老师和学生的参考材料，也可为从事矿山开发和规划的科技人员和管理人员提供重要的技术信息和借鉴资料。

书中借鉴了许多前人观点和经验，编者在此向他们致以诚挚谢意。限于编者水平，书中难免存在错误和不妥之处，恳请读者批评指正。

武　斌

2020 年 9 月

目 录

第一章　概述

第一节　任务来源

一、基本情况

2018 年 11 月 13 日，四川省地质矿产勘查开发局办公室下发《关于下达 2018 年度前补助科技计划项目的通知》（川地矿办〔2018 年〕178 号），四川省地质矿产勘查开发局物探队立项申请的“木里县梭罗沟金矿地球物理勘探深部勘查研究”项目（四川省地矿局科技计划项目）经局党委审定，由立项单位组织编制实施方案并实施。2018 年 12 月，四川省地质矿产勘查开发局批准由四川省地质矿产勘查开发局物探队组织编制《四川省地矿局科技计划项目实施方案》并到四川省地矿局科技处备案。

项目名称：木里县梭罗沟金矿（15 号矿体）地球物理勘探深部勘查研究。

项目期限：2018 年 12 月 1 日—2020 年 12 月 31 日。

二、目的任务

全面收集木里县梭罗沟金矿的地质、物探、钻探、化探等资料，研究区的地质背景，分析梭罗沟金矿的成矿地质、地球物理环境。主要根据物探重、磁、电工作推断研究区内断层破碎带、矿体和围岩的电阻率差异规律；研究矿体深部勘查赋存规律；预测整个梭罗沟金矿矿体的空间分布规律；推断研究区内深部赋存的有利目标区，为梭罗沟金矿圈定远景异常区。

第二节　研究区概况

一、交通位置

研究区位于四川省木里藏族自治县县城西北方向、直距约 60 km 的梭罗沟，行政区划属四川省木里县让白牧场所辖。研究区地理极值坐标为东经 100°55′30″～101°03′30″，北纬 28°23′00″～28°25′30″，研究区中心点地理坐标为东经 101°00′12″，北纬 28°23′48″（1980 西安坐标系）。研究区涉及 1：50000 图幅编号 H47E022020、H47E022021。

研究区交通以公路运输为主，主干公路是成都—雅安—西昌—木里公路，其里程约为 780 km。其中，成都—西昌约为 450 km，为高速公路；西昌到木里县城约为 240 km，为省道；木里县城到研究区约为 90 km，为林区公路和矿山公路。成昆铁路途经凉山州政府所在地——西昌，研究区交通较方便（图 1-1）。

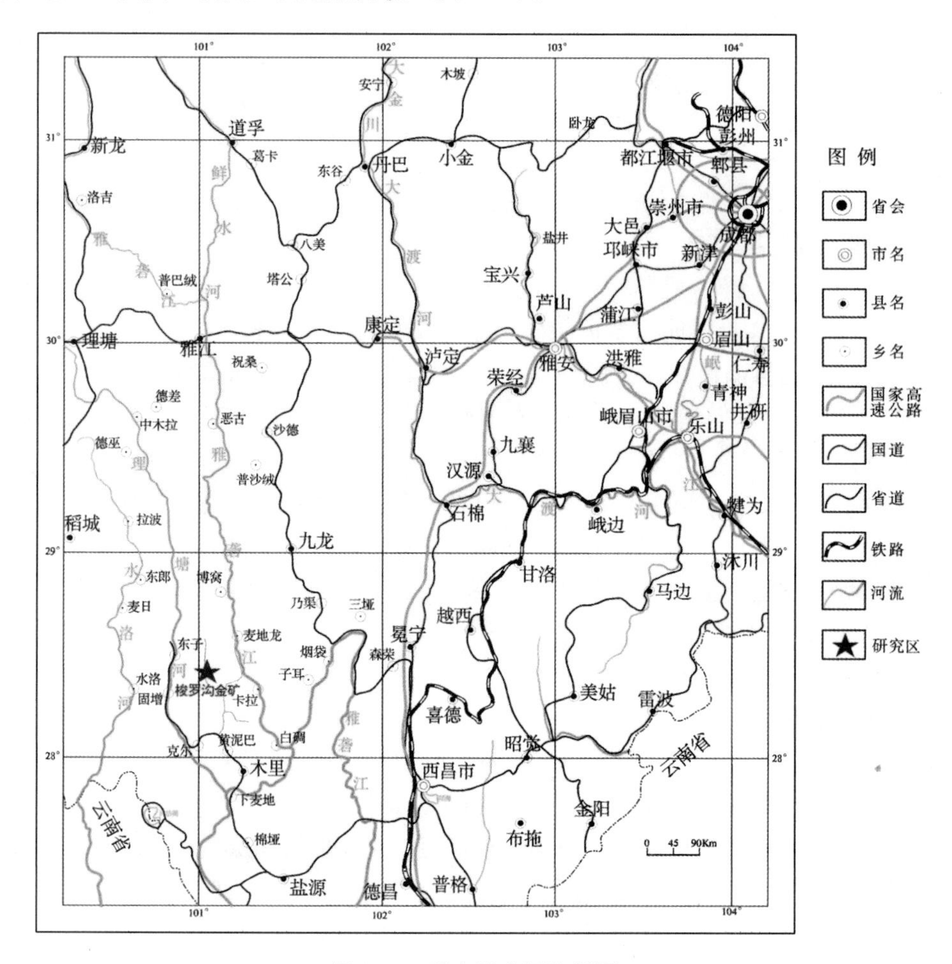

图 1-1　研究区交通位置图

二、自然地理经济概况

研究区属构造侵蚀深切河谷高原区。研究区自西向东横跨三山二沟，山脉主要干流均呈近南北向展布。研究区最高海拔为 4569 m，最低海拔为 3600 m，相对高差为 969 m。研究区内东西向山坡坡面较平直，平均坡度为 20°～30°；南北向山坡坡面凹凸不平，凹部多发育成近东西向的小支流或冲沟，属典型的深切割高原地貌。研究区干流梭罗沟、如米沟由南向北汇入九央河，再向西约 6 km 汇入无量河（木里河）；九央河为研究区当地侵蚀基准面，海拔为 2500 m。

研究区水系呈树枝状，以近南北向的梭罗沟、如米沟为主干，以近东西向的梭罗沟、如米沟为支流。梭罗沟、如米沟为长年流水河流，梭罗沟流量为 38.40～64.80 L/s，如米沟流量为 61.20～216.00 L/s。支流、冲沟多为间歇性溪流，仅在每年 6 月底雨季之后能形成地表径流。

研究区属高原河谷气候，垂直差异较为明显，无夏季，即使在每年七八月间，也能看到飞雪满天。冬季寒冷干燥，夏季多雨、雾、冰雹，小区域气候变化莫测，有“一山有四季，十里不同天”之称。根据研究区 2012 年 6 月—10 月的简易气象观测结果（海拔为 4052 m），最高气温为 27℃，最低气温为−7.0℃，平均气温为 9.1℃，7 月平均气温为 8.2℃，比木里县城气温低 9.0℃；降水量为 953.4 mm（与木里县城降水量进行相关计算，研究区年降水量为 1184.1 mm），最大日降水量为 59.0 mm，最大积雪厚度为 60 mm。一年当中，80%的降雨量集中于 6—9 月，其余 8 个月为旱季，也称风季。研究区常年 1 月至翌年 3 月为霜雪冰冻期，月平均气温在 5℃以下；4—10 月气温较温和，月平均气温为 5.2℃～10.8℃，适宜开展野外工作。主要灾害性天气有大雪、霜冻和冰雹。

河谷地带为农区，主产青稞、土豆、小麦。高山区为牧区，居民四季游牧，逐水草而居。副业经济依赖虫草、贝母、松茸等地方性特产。当地几乎没有发展工业，生产力低下，经济、文化较落后。随着退耕还林及国家西部大开发战略的实施，地方政府选择矿业、水电业、旅游业为地方经济增长点，制定了相应的优惠政策，为矿产资源的勘探与开发利用提供了良好的外部环境。

研究区内有梭罗沟、如米沟、挖金沟三条小河，由南向北流过，生产与生活用水基本能够满足；已有 35 千伏高压电输电线路抵达研究区，生产用电问题已经解决。

第三节　研究工作概况

一、资料来源

本次研究工作所采用的地球物理场资料，依托于 2018 年度以及 2019 年度四川省地质矿产勘查开发局物探队在木里县梭罗沟金矿所开展的一系列物探勘查工作——2018 年主要开展音频大地电磁法（AMT）测深工作，2019 年在上一年物探勘查的基础上部署地面高精度重力、磁法和激电测深测量工作。两个年度的物探实物工作量见表 1−1。

表 1−1　2018—2019 年度物探实物工作量

工作手段	技术条件	单位	完成工作量	备注
AMT 测深	点距 50 m	点	266	2018 年度完成
AMT 试验		点	62	

续表1－1

工作手段	技术条件	单位	完成工作量	备注
地面高精度磁测	1∶10000，100 m×40 m	km^2	8	2019 年度完成
地面高精度重力测量	1∶10000，100 m×40 m	km^2	8	
重磁剖面	1∶5000，点距 20 m	m	400	
磁法剖面	1∶5000，点距 20 m	km	5	
重力剖面	1∶5000，点距 20 m	km	5	
激电测深	1∶5000，点距 40 m	个	28	
物性测定		块	418	

项目组全面收集了梭罗沟金矿有关的地质、矿产、物探等资料，完成了综合研究，编制了物探类图件。

二、人员组织

项目课题组由四川省地质矿产勘查开发局物探队统一领导和协调，课题由地质、物探人员协作完成。

主要工作人员见表 1－2。

表 1－2　主要工作人员

序号	姓名	性别	工作单位	从事专业	技术职称	分工
1	武　斌	男	四川省地勘局物探队	地球物理勘查	教授级高级工程师	项目负责、主研
2	余　舟	男	四川省地勘局物探队	地球物理勘查	高级工程师	研究报告编写
3	皇　健	男	四川省地勘局物探队	地球物理勘查	工程师	野外施工和报告编写
4	杨　勇	男	四川省地勘局物探队	地球物理勘查	工程师	图件绘制
5	冉中禹	男	四川省地勘局物探队	地球物理勘查	工程师	野外施工和图件绘制
6	郑福龙	男	四川省地勘局物探队	地球物理勘查	工程师	图件绘制
7	庞有炜	男	四川省地勘局物探队	地球物理勘查	工程师	图件绘制
8	陈　挺	男	四川省地勘局物探队	地球物理勘查	高级工程师	图件绘制
9	冯化鹏	男	四川省地勘局物探队	地球物理勘查	工程师	野外施工
10	文　凯	男	四川省地勘局物探队	地球物理勘查	工程师	野外施工

研究报告的主要编写人有武斌、余舟、皇健，其余工作人员主要完成外业工作及室内资料整理、图件绘制等。

第四节　主要成果

一、取得的主要成果

（1）详细收集了研究区地质、物探、钻探等资料，着重对研究区成矿构造特征等进行了详细阐述，初步建立了研究区成矿物性模型，对梭罗沟金矿区有了一定的地球物理认识。

（2）应用地球物理勘查中的重、磁、电等勘探手段，成功构建了研究区地球物理找矿模型，以寻找控矿构造带，指导下一步研究区工作方向。

（3）对比已收集到的国内金矿床的勘探模型，结合地质、钻探等资料，认为构建研究区的地球物理找矿模型方法具有成效，可作为一种典型的金矿找矿方法推广至甘孜—理塘成矿带。

二、新发现、新认识

（一）重磁法方面

运用高精度重力测量技术，对研究区内进行重力异常特征分析，认为研究区的重力高异常区主要由基性火山岩地层引起，重力低异常区主要由碎屑岩与灰岩等地层引起；二者接触带主要为研究区的成矿构造带，其在重力异常图上表现为等值线扭曲、错动现象。

根据重磁面积工作成果，对本研究区内断裂构造进行推断，得到了较详细的研究区面积内东西向主要控矿断裂构造与南北向次级断裂构造；对主要控矿断裂构造东西向延伸进行推测。

在已知矿体上开展的重磁综合剖面探测研究，均表现出重力梯级带和负磁异常特征，根据这一地球物理特征，推测主要控矿断裂向东延伸，但实测的左行走滑 F6 断裂，断距较大；在挖金沟矿化点东侧，也存在明显的北东向重力梯级带，推测该区存在类似性质的走滑断裂，可能会对控矿断裂的连续性造成破坏。

（二）电（磁）法方面

P76 勘探线主要位于 15 号矿体处，北西向垂直穿越 15 号矿体。P76 剖面上各个不同地质体（碎屑岩、灰岩与基性火山岩段等）的电阻率值表现为不同的空间异常形态展布；从 P76 剖面上可以看出，在剖面中部存在明显的相对中阻异常体，推测为主要的构造破碎矿化带，其浅部倾角较陡，深部近似直立，推测该异常可能为矿体或由矿体引起，且其向深部展布形态较好，有较明显的第二成矿空间存在。

根据对梭罗沟金矿进行物探得到的结果，推断 15 号矿体的深部与 3 号远景区的深部矿致异常，以及东西两边的隐伏物探异常，增加了梭罗沟储量。

第二章　以往工作程度

第一节　地质工作

一、区域地质工作

1974 年，四川省地质局第一区域地质测量大队完成了 1∶200000 金矿幅区域地质调查；1984 年，四川省地质矿产局区域地质调查队完成了 1∶200000 贡岭幅区域地质调查。开展区调时作过分散流、重砂工作。1∶200000 第二轮化探扫面已完成并建库，圈定了一批重砂、水系异常区域，指导了初期的地质找矿工作（表 2－1）。

表 2－1　基础地质调查工作收集资料简表

序号	时间	工作项目、成果报告	工作单位
1	1974	1∶200000 金矿幅区调报告	四川省地质局区测队
2	1974	1∶200000 金矿幅化探报告	四川省地质局区测队
3	1984	1∶200000 贡岭幅区调报告	四川省地矿局区调队
4	1984	1∶200000 贡岭幅化探报告	四川省地矿局区调队
5	1991	四川省区域地质志	四川省地质矿产局
6	1995	四川省岩石地层	四川省地质矿产局
7	1999	1∶1000000 航空磁力测量	国土资源部
8	1999	1∶1000000 重力测量	国土资源部
9	2000	四川省 1∶50000 鸭咀幅（H47E023021）地质说明书	四川省地矿局攀西队
10	2002	四川省 1∶50000 固增苗族乡幅、博科乡幅（H47E023020、H47E024020）区域地质调查报告	四川省地质调查院
11	2002	1∶500000 航空磁测报告	地质物探大队

续表2-1

序号	时间	工作项目、成果报告	工作单位
12	2002	三江地质志	四川省地质矿产局
13	2014	四川省木里县梭罗沟地区桐翁幅（H47E019020）、八窝龙乡幅（H47E019021）1∶50000水系沉积物测量工作总结	四川省地矿局区调队
14	2015	四川省木里县梭罗沟地区当达幅（H47E018020）、唐央幅（H47E020020）1∶50000水系沉积物测量工作总结	四川省地矿局区调队

此外，曾先后有川地甘孜队、大渡河地质队、西昌队、一区测队、三区测队、四〇三队、四〇四队、四〇六队、一〇八队、八二〇队等在研究区内进行过一些路线穿越或不同比例尺的面积性地质调查与矿产普查工作。

二、油气地质调查

四川盆地作为常规油气勘探主体，建成了我国重要的天然气基地，大部分为中石油及中石化矿圈区块覆盖，油气勘探程度较高。随着普光、元坝、新场以及成都等气田的相继发现，展示了四川盆地较大的油气资源潜力。四川盆地周缘勘探程度相对较低。

2007年，中国地质调查局开始组织开展“中上扬子海相含油气盆地油气地质综合调查”计划项目，由成都地质调查中心实施。该项目系统总结了中上扬子地区油气地质与成藏富集条件，优选了有利勘探区块。目前，该项目仍在实施，重点以页岩气地质调查评价为主。

2008—2012年，国土资源部油气资源战略研究中心率先组织中国地质大学（北京）、中石油、中石化、成都地质调查中心和重庆地质矿产院开展了上扬子页岩气资源调查评价，并建立了川渝黔鄂先导试验区，初步查明了上扬子地区页岩气资源潜力，页岩气资源量总量约为62.56万亿立方米，可采资源为11.26万亿立方米（国土资源部，2012），推动了页岩气突破和勘探开发。2012年以来，贵州、重庆、四川和云南等地方政府开展了全省或部分地区页岩气资源调查评价，优选了一批页岩气有利区。

2008年以来，中石油、中石化相继开展了四川盆地及周缘页岩气勘探工作；2012年，其他相关企业也开展了页岩气勘探工作。目前，四川盆地及邻区已成为页岩气勘探主战场，也是2015年实现65亿立方米页岩气产量的重要地区。中石油在威远、长宁、富顺—永川等区块均已实现页岩气重大突破；中石化在川东南及邻区的涪陵礁石坝、綦江丁山、南川、彭水和道真，以及川西犍为、川北元坝等区块也获得页岩气重大突破或较好的页岩气显示，发现了极具影响力的涪陵页岩气田，探明储量为1067.5亿立方米，截至2015年6月30日已累计产气6.11亿立方米。

2015年以来，中石化勘探分公司开展了五指山—美姑地区页岩气勘探工作，部署了数百公里地震剖面工作，并实施探井“民页 1 井”。为了探索新区新领域页岩气资源潜力，2015 年以来，中国地质调查局开展了页岩气基础地质调查工作，在四川汉源—荥经、盐源，云南绥江、鹤庆、永善，贵州威宁等地区部署实施了 1∶50000 页岩气基础地质调查 2600 km^2、1∶250000 页岩气基础地质调查 5000 km^2，非震地球物理勘探 1300 km、二维地震 415 km、页岩气调查井 7 口、参数井 3 口，尽管参数井未获得工业气流，但获得了页岩气重要发现，并优选了多个页岩气远景区与有利区。

综上所述，处于上扬子西南缘的滇东北地区具有良好的油气资源勘探前景，而且已积累丰富的资料，为相关单位进一步开展页岩气地质调查奠定了坚实的基础。

三、矿产勘查

1997—2008 年，四川省地质矿产勘查开发局区域地质调查队从矿床发现开始，对梭罗沟金矿区进行了较为全面系统的地质勘探工作。四川省地质矿产勘查开发局区域地质调查队受木里县容大矿业有限责任公司委托编制了《四川省木里县梭罗沟金矿补充勘探报告》，并提交国土资源部矿产资源储量评审中心进行评审，认定梭罗沟金矿（331）+（332）+（333）金总矿石量为 14165925.28 t，金属量为 47164.11 kg，矿床平均品位为 3.33×10^{-6}，达到大型岩金矿床规模。

2009 年，四川省地质矿产勘查开发局区域地质调查队对矿区中西部（P24—P75，其中有部分勘探线未开展工作）共 48 条勘探线进行了系统的工程控制，地表以 40 m 间距沿勘探线用取样浅钻（局部地段用探槽或采样线）控制矿（化）体和构造蚀变带的边界及其内部特征；深部以 80 m 间距（局部构造复杂地段以 40 m 间距）沿勘探线用钻孔或坑道进行控制。该年度完成钻探 5542.81 m，基本分析样 8631 件。

2010 年 2 月，木里县容大矿业有限责任公司委托四川省地质矿产公司编写了《四川省木里县梭罗沟金矿深部勘探设计》，四川省地质矿产公司根据业主和项目计划任务，于 2010 年 2 月编制了《四川省木里县梭罗沟 2010 年地质勘查工作方案》。该年度完成钻探 1717.09 m，岩心劈心样 39 件，物探激电测深点 85 个，并根据 2010 年勘探成果，在结合对比以往地质成果综合研究的基础上编写了《四川省木里县梭罗沟金矿深部勘探 2010—2011 年度地质工作报告》。

2011 年 2 月，木里县容大矿业有限责任公司委托四川省地质矿产公司编制了《四川省木里县梭罗沟金矿 2011 年度地质勘查设计》，该年度对 15 号矿体主要采用坑探方法基本查明了 3760 m 中段的矿体及含矿破碎带特征。针对 15 号矿体设计了 3760 m（中段 980 m 脉外沿脉坑道及穿脉坑道），坑道及其余钻孔因安全问题及根据业主的要求未进行施工。

第二节　物探工作

一、区域重力调查

1982—1999年，四川省地质矿产勘查开发局物探队完成了1∶500000、1∶10000000、1∶200000区域重力调查，提交了区域重力调查成果。

在1984—1986年这三年时间内，四川省地质矿产勘查开发局物探队完成了盐源幅基本工作比例尺为1∶500000的区域重力调查，在局部地区（盐源坝子）做了1∶200000区域重力调查（包括7个1∶50000图幅，图幅名：棉桠乡、盐塘区、梅雨乡、大河乡、平川乡、盐源县、德石乡）。

1986—1990年，四川省地质矿产勘查开发局物探队完成了盐边、会理、米易、西昌、冕宁、石棉、荥经、金矿、贡嘎共9个1∶200000图幅的1∶500000区重力野外工作。

1997年，四川省地质矿产勘查开发局物探队完成了《四川省攀枝花—马尔康地区1∶50万区域重力编图和重力异常研究报告》，对全省和重点成矿区地质构造进行了解释推断、划分远景成矿区。

1999年，由国土资源部完成了研究区的1∶1000000重力编图，已入库。同期在甘孜—理塘结合带北段完成了1∶200000昌台、义敦、甘孜3幅的重力测量。

1984—1988年，云南省地质矿产勘查开发局物化探队完成了1∶200000东川幅区域重力调查。

1985—1990年，云南省地质矿产勘查开发局物化探队完成了1∶200000昆明、武定、会理幅区域重力调查。

1989—1991年，原滇黔桂石油勘探局完成了楚雄盆地油气资源勘查1∶200000区域重力调查。

1998—1999年，云南省地质矿产勘查开发局物化探队完成了云南丽江—宁蒗地区1∶200000区域重力调查。

1999—2001年，云南省地质矿产勘查开发局地质调查院完成了云南鹤庆—丽江地区1∶200000区域重力调查。

2012—2016年，四川省地质矿产勘查开发局物探队完成了西昌市、盐源县幅1∶250000区域重力调查。

2012—2016年，云南省地质调查院完成了攀枝花市、东川幅1∶250000区域重力调查。

研究区及周边1∶200000～1∶250000区域重力调查程度示意图如图2-1所示。

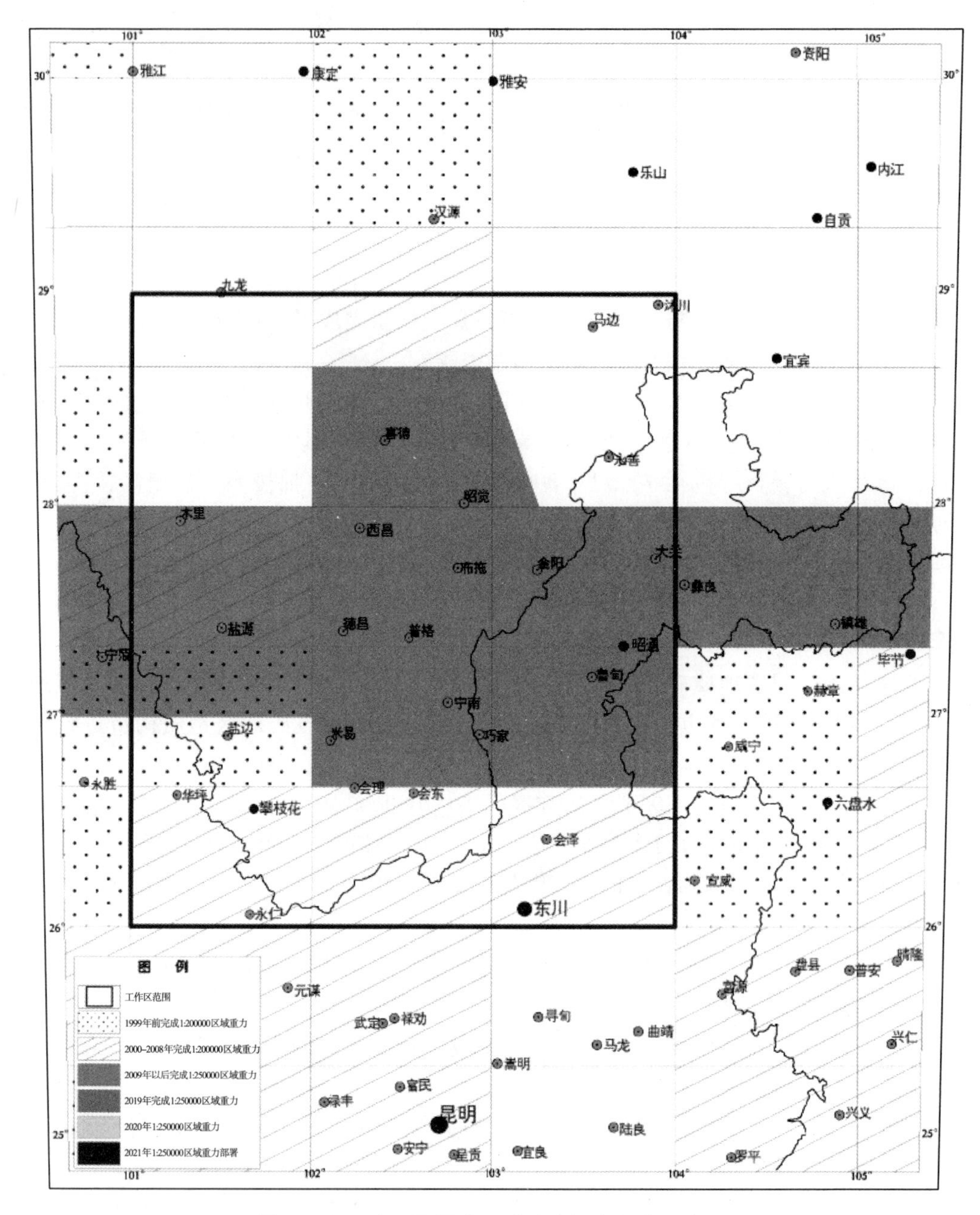

图 2—1　研究区及周边区域重力调查程度示意图

二、区域航磁调查

研究区航磁调查始于 20 世纪 50 年代，曾开展过 1∶100000～1∶1000000 航磁调查（图 2—2），大多为 20 世纪 80 年代以前完成，测量精度和定位精度均较低。

1987 年，四川省地质矿产勘查开发局物探队编写了《四川省航空磁力异常图编制说明书（1∶50 万）》。

1991 年，四川省地质矿产勘查开发局物探队编写了《四川省重力航磁异常综合研究报告》。

1997 年，航空物探遥感中心完成了四川盆地及攀西部分地区 1∶200000（部分为 1∶400000）航磁调查。

1999 年，由国土资源部完成了研究区的 1∶1000000 航空磁测，同期在甘孜—理塘结合带北段完成了 1∶500000 航磁测量。

2010—2014 年，中国国土资源航空物探遥感中心在攀枝花—安益地区完成了 1∶50000 航磁调查，填补了研究区中比例尺磁测空白，为研究区基础地质研究提供了有利资料。

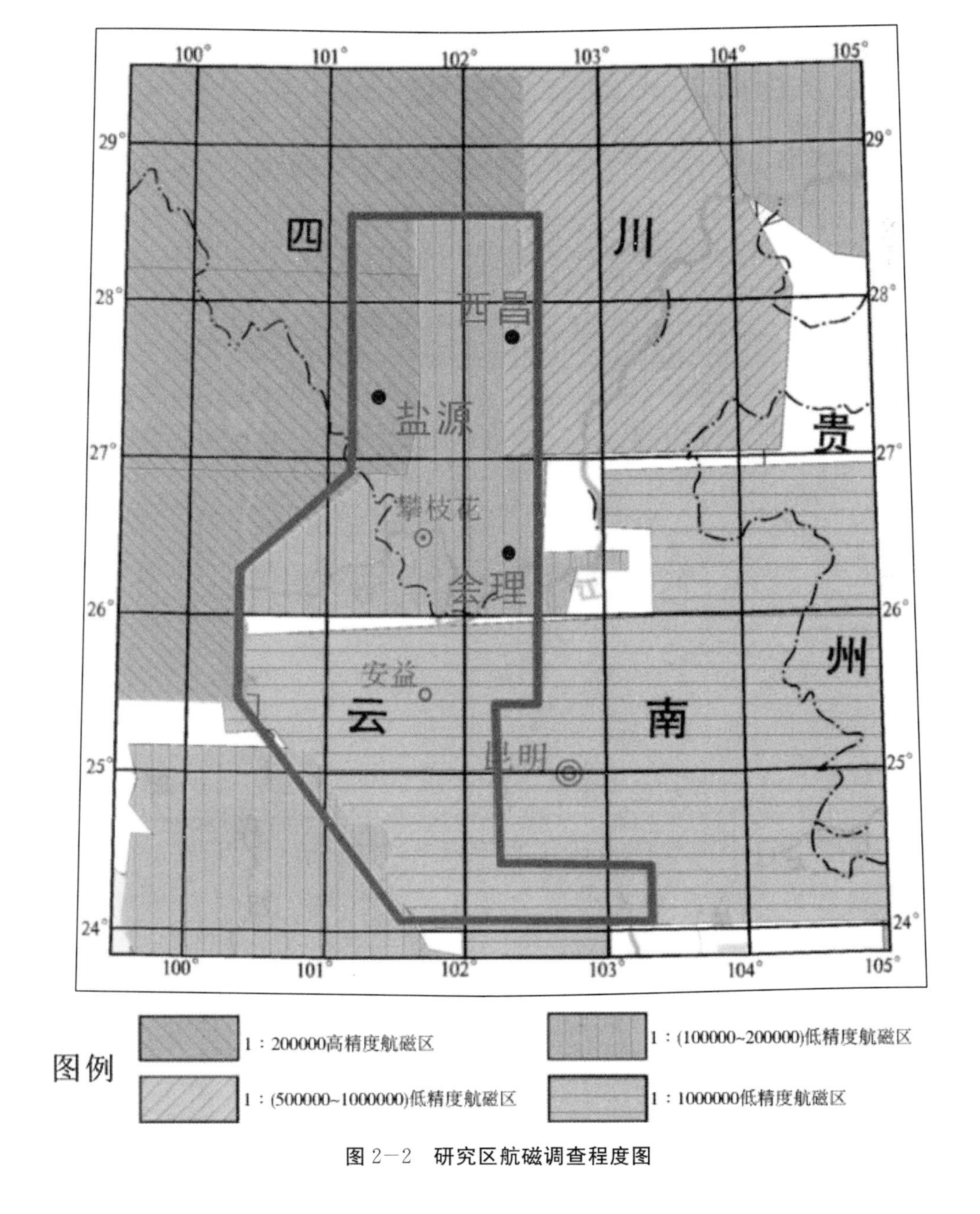

图 2—2　研究区航磁调查程度图

三、地面磁测调查

研究区内部分地区还开展过 1∶25000～1∶200000 地面磁测调查（图 2－3）。1∶25000 地面磁测调查有四川会理县力马河外围磁法、金属测量（1958），会东 M114 航磁异常地面物（化）探工作（1977），米易县 91－2 和 92－1 航磁异常地面磁测普查评价（1977），盐源矿山梁子地区物探化探工作（1965），昆明工区地球物理（化学）探测（1961），云南省华坪县航磁 M104 异常地面磁测普查（1971）；1∶50000 地面磁测调查有四川冕宁回龙至米易三堆子（牦牛山西坡）综合普查（1961），西昌德昌地区至米易县湾丘基性超基性岩普查（1960），云南省华坪、永胜、宁蒗地区航磁异常踏勘检查（1971）；1∶100000 地面磁测调查有四川会理地区物探工作（1955、1957），会理普威磁法普查（1956），会理地区物化探工作（1956），西昌专区第七、八、十七、四十工区物化探普查（1958）；1∶200000 地面磁测调查有米易幅 1∶200000 地面磁测（1964），盐源地区物化探测量工作（1960），滇东北地区地球物理化学区域测量（1960）。针对矿产地和成矿有利地段，还进行过 1∶1000～1∶10000 详查工作。

地面磁测调查大部分是在 20 世纪 70 年代之前完成的，由于当时缺少正式的 1∶50000～1∶100000 地形图作依据，研究区测点位置误差较大，只能作为参考。

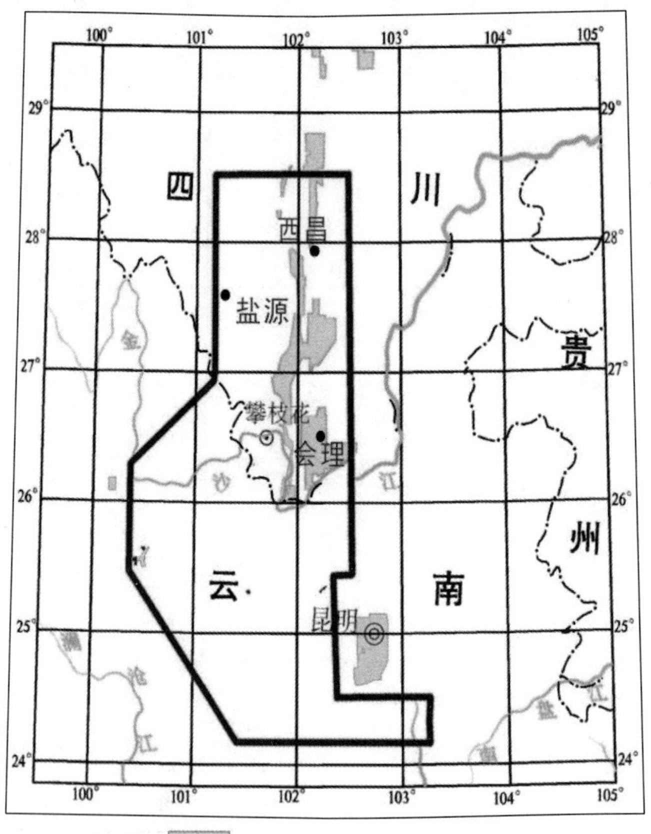

图 2－3　研究区地面磁测调查程度图

四、遥感地质

1980年以来，四川省在遥感技术方法研究、遥感水文地质调查、遥感技术在城市建设中的应用、卫星图像在油气中的应用研究、铜矿遥感地质综合调查、环境灾情遥感快速反应系统研究、国土资源遥感综合调查、遥感综合矿产地质调查、生态环境遥感综合调查与评价等方面进行了大量工作，初步建立了一些矿产类型的遥感找矿模型，建立了四川省国土资源遥感数据库。

五、深部地球物理调查

1982年10月起，由中国科学院地质研究所负责，地质矿产部四川地质矿产局攀西大队物探队参加完成了对裂谷区内大地热流值数据的采集和综合研究。

1983年，中国科学院地球物理研究所负责完成对丽江—永胜—渡口—会理—巧家东西向剖面（全长约为350 km）进行爆炸地震、大地电磁测深、重力、磁法等调查研究工作。

1983—1984年，地质矿产部所属物化探研究所、五六二综合地质大队、四川省地质矿产勘查开发局物探队等单位负责完成了两条东西向剖面的深部地球物理调查工作。其中，丽江—宁蒗—盐源—西昌—昭觉—新市镇东西向剖面全长约为470 km，方法有爆炸地震（由五六二综合地质大队完成），大地电磁测深（由物化探研究所完成），重力、磁法；拉鲊—会理—西昌—石棉—长河坝南北剖面全长约为480 km，方法有爆炸地震。

第三节 科研工作

一、成矿规律研究工作

1991年，由四川省地质矿产勘查开发局编制了《四川省区域矿产总结》，该成果首次对省内单矿种的时空分布规律进行了总结，建立了综合矿产的区域成矿规律，分析了沉积作用、火山活动、侵入活动、地质构造演化与成矿作用的关系，从而总结了省内主要矿产的区域成矿规律，指示了各类矿产的找矿方向。

2005年，四川省开展省级地质勘查规划编制工作，设立了“四川省主要固体矿产成矿区带研究”专题，在2000年形成《四川省主要固体矿产成矿远景区划及资源潜力评价报告》的基础上，收集了相关国土资源大调查的成果，补充了煤炭、非金属的资料，进一步总结了四川省矿产资源的分布规律；对四川省矿点以上的矿产地进行了统计，编制了四川省主要矿产统计表（1658处）；编制了四川省矿产资源分布图，主要用来反映小型及以上矿床，共911处；划分了Ⅰ级、Ⅱ级、Ⅲ级成矿区带，以及Ⅳ级找矿远景区和Ⅴ级找矿靶区；在上述工作的基础上，编制出四川省主要固体矿产成矿区带划分表和四川省成矿区带划分图（图2—4）。

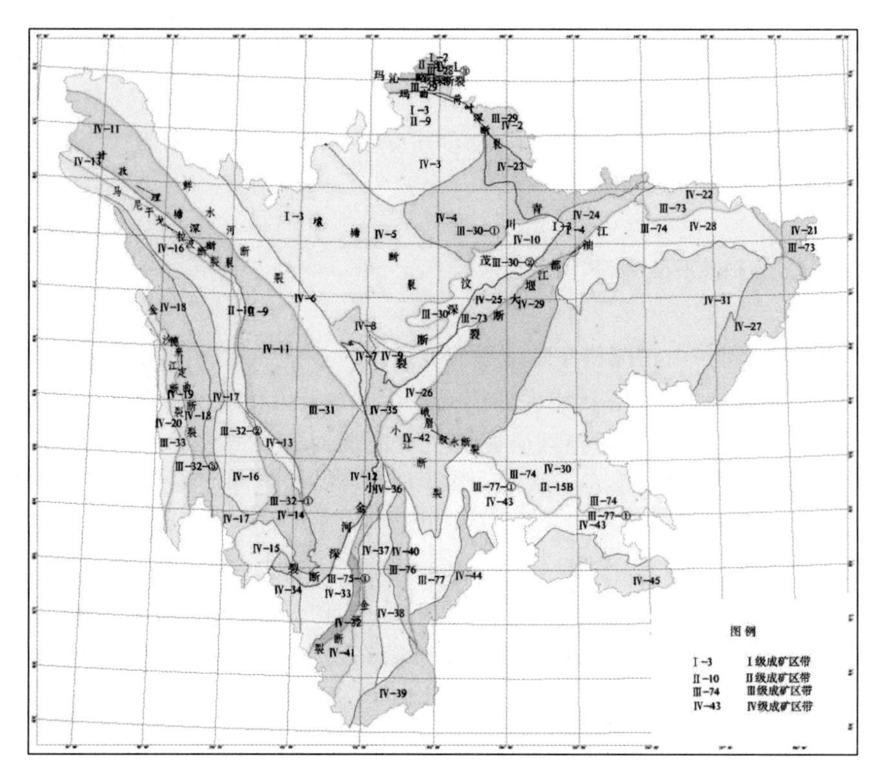

图2—4　四川省成矿区带划分图

四川省成矿区带跨3个Ⅰ级成矿区带（域），7个Ⅱ级成矿区带（省），49个Ⅲ级成矿区带，共划分出Ⅳ级成矿区带（找矿远景区）45个。

二、矿产资源预测评价

四川省矿产资源评价工作起始于20世纪70年代末。20世纪80年代后全省性或大区域的成矿远景区划，主要完成了对铁、铅、锌、铜、锡、钨及磷矿等矿种的区划及资源总量预测，并对重要成矿地段攀西地区的钒钛磁铁矿，两会（会理、会东）地区的铜矿，龙门山中南段磷矿，峨眉—金阳地区早寒武世麦地坪组的磷矿、热液型铅锌矿以及川西地区德格—巴塘的锡多金属矿，甘孜东部的有色、贵金属矿等做了地区性的不同比例尺的（1：200000～1：50000）成矿远景区划工作。

《四川省区域矿产总结》分析了金矿的成因，从基性岩浆分凝—熔离作用至中酸性岩浆热液作用和气液接触交代作用，从中基性—酸性火山热液作用至火山—沉积变质热液作用，从陆源碎屑沉积—地下热（卤）水溶滤作用等进行分析，皆有金成矿作用发生。多数矿床显示出明显的层控性，严格受地层单元控制。大中型金矿床集中分布在二叠统至下中三叠统，金主要为地幔物质不同演化阶段的产物，矿床分布严格受构造控制。四川省金矿的成矿与地壳类型和深部构造有关。地球物理资料显示：大致以青川—丹巴—九龙—木里一线为界，可划分出东西两个一级深部构造区，东部为地幔隆起区，西部为地幔坳陷区，其分布大致与扬子准地台和松潘—甘孜地槽褶皱系两个I级构造单元对应。西部地幔坳陷区莫霍面深度为57～62 km，是全省最深的部位，等深线显示出自东向西缓慢下降，其内可进一步划分出两个次一级的幔坡区和一个幔凹区。东部地幔隆起区，莫霍面深度为37～57 km。岩金矿产主要分布在地幔隆起区与地幔坳陷区接壤的两个幔坡区内，即阿坝—稻城与汶川—石棉—木里幔坡区。该区总体呈北东向展布，宽约为100 km，莫霍面深度为50～57 km，是全省梯度最大、莫霍面向西倾斜的陡坡带，属大陆与大洋玄武岩层连接处，岩石圈断裂发育，分布有绿岩、基性超基性岩、细碧角斑岩及各类火山岩，因此产出的与深源联系的金矿的分布成群成带展布。另外，处于西部地幔坳陷区的阿坝—稻城幔坡区和石渠—甘孜平缓幔坡区与巴塘—理塘幔凹区的交接带也是岩金分布区。该区呈南北向展布，中心位于巴塘—理塘之间，莫霍面深度达61 km，是西部地幔坳陷中心区，属典型的硅铝—铁镁质地壳类型。金成矿与深大断裂有明显关系，位于深断裂一侧的次级深大断裂，是区域控矿的二级构造。容矿构造是三级、四级构造，包括小型次级断裂或派生的低序级断裂带、韧性剪切的糜棱岩带、层间破碎带，有背斜轴部的转折端的层间虚脱部位及两翼小褶曲、挠曲发育处，还有构造界面。

三、地球物理科研工作

1981年，四川省地质局物探队研究队利用航空物探大队902队提供的1∶200000航磁资料，编写完成了《攀枝花—西昌地区航磁异常特征及其找矿关系的初步研究》。

1981—1986年，“六五”国家重点科技攻关项目“攀西裂谷带主要地质构造特征及其对矿产的控制”应用板块构造理论，从地质历史演化、构造岩石组合分析及配套的矿产系列，结合地球物理、地球化学、古地磁、地学断面、地热、构造动力学等多学科、多手段探讨并论证了扬子地台西缘存在一个“主动大陆边缘”型的攀西古裂谷。尽管这一结论尚未获得共识，但该项成果具有很高的学术价值，尤其在反映板块构造、壳幔结构、演化等地球物理方面，至今还被众多的地勘及科研项目引用。

1982年，由中国有色金属工业总公司、西南地质勘探公司地质研究所编写的《康滇地轴铁矿类型成矿规律及远景预测》按成矿系列、成因类型、重要成矿带对区内铁矿床进行了划分。

1983年，由四川省地质局、云南省地质局、贵州省地质局编写的《川滇黔铅锌成矿区远景区划》对该区的铅锌矿区域成矿地质背景、成矿特征、沉积建造、含矿层岩相古地理、矿床成因类型进行了系统总结。

1983—1985年，中国科学院与地质矿产部有关单位分别在研究区开展了古生代与中生代古地磁的研究、区域性天然地震资料的综合研究及现代应力场的研究。

1984年，四川省地质局物探队编制了（包括该区）面积约28万平方公里的区域重力、磁力图，开展了以磁性、密度为主的区域物性研究工作。

1985年，以四川省地质局物探队为主、长春地质学院为辅开展了重力、磁力及天然地震等研究工作。

1986年，由四川省地矿局科研所完成了“攀西地区遥感图像处理及其断裂构造解释与研究”。

1988年，由成都地质矿产研究所完成了《康滇地区的前震旦系》《西昌—滇中地区沉积盖层及其地史演化》科研丛书的编写。

1988—1991年，四川省地质矿产勘查开发局物探队采用以重力、航磁、地震、地质等相结合的综合研究方法，对1∶1000000四川省布格重力异常平面图和四川省1∶500000航磁异常平面图进行了研究，并编写了《四川省1∶50万航磁异常图说明书》和《四川省重力图说明书》。

1991年11月，四川省地质矿产勘查开发局物探队编写了《四川省攀西地区1∶50万区域重力调查阶段性报告》。该报告应用重力场与矿产分布统计结果分析了重力场与矿产地分布规律的相关性。

1990—1993年，四川省地质矿产勘查开发局物探队完成了地矿部科研项目“康滇地轴东部宝兴至金阳地区铅锌（银）矿富集规律与靶区研究”。

1996—1997年，四川省地质矿产勘查开发局物探队完成了“攀枝花—马尔康地区1∶50万区域重力编图及重力异常研究”。

为配合地质填图和找矿，测区同时开展了部分专题研究，并形成了专题研究成果。其中形成的重要成果有《攀西裂谷地球物理特征与找矿研究》《金沙江—哀牢山富碱侵入岩的成矿专属性》《扬子地台西缘及邻区铜多金属矿产勘查与评价研究》《康滇地轴东缘铅锌矿成矿特征、富集规律及靶区预测》等专著。

四、地球物理深部科研工作

近几年，中石油、中石化围绕盐源盆地南部开展了200 km大地电磁测深（MT）及50 km二维地震工程。物探解译了二叠与三叠系地层、石炭与泥盆系地层及志留系地层，地层以褶皱形式产出，产状平缓，断裂附近地层变化复杂，基底起伏差异性明显。目标层位龙马溪组埋深起伏差异性大，以万桃为中心往东南及西南方向呈梯度带分布，万桃一带埋深较大，最大深度达4 km以上。地腹构造总体较为简单，有利于油气成藏富集。

五、四川金矿研究

（一）四川省金矿成矿系列

《四川省区域矿产总结》从地壳演化出发，总结了四川金矿的成矿系列，主要分为地槽早中期的基性—中酸性火山成矿系列、地槽晚期的酸性岩浆岩侵入成矿系列、后期构造期酸性岩浆侵入成矿系列、地台期火山沉积—地下热水改造成矿系列、陆相盆地沉积成矿系列。

四川金矿按成岩作用划分，有与岩浆作用、变质作用、沉积作用有关的三大类金矿系列。

四川金矿按成矿模式分，主要有：

（1）与中酸性侵入体有关的石英脉型金矿床。该类金矿主要产于晋宁、印支、燕山期陆壳重熔型花岗岩体边部或外接触带，受断裂和破碎带控制。金富集与钾交代晚期广泛发育的硅化、绢云母和黄铁矿化有密切关系，形成含金石英脉和含金构造蚀变岩两种类型（图 2—5）。

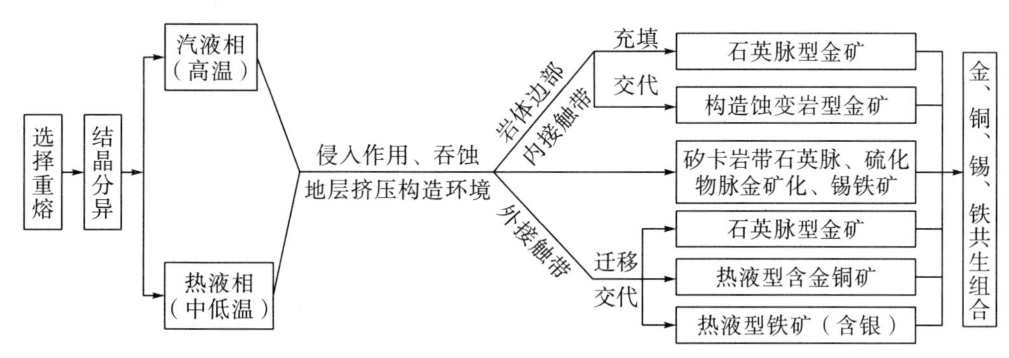

图 2—5　与中酸性侵入体有关的石英脉型金矿成矿模式图

（2）变质火山—沉积岩中的石英脉—细脉浸染硫化物型金矿床。该类金矿的主要地质特征：矿体产于太古代、元古代及古生代的基性火山—沉积内，金与铁、铜共生，矿体形态一般呈脉状、透镜状，少数为层状、似层状，赋存部位常在褶皱脊部层间构造和断裂破碎带内（图 2—6）。

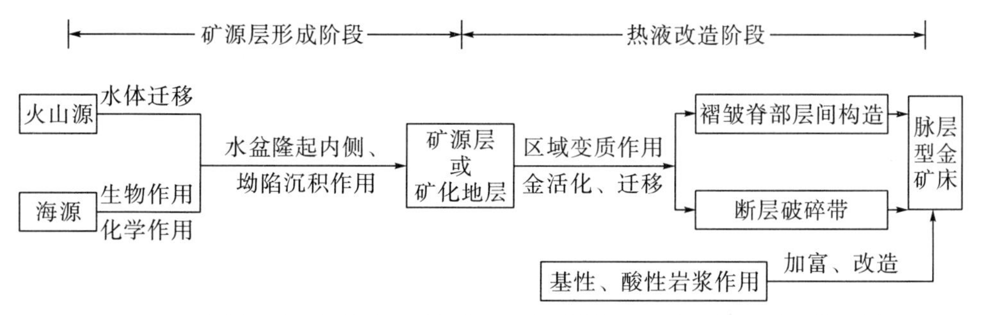

图 2—6　变质火山—沉积岩中的石英脉—细脉浸染硫化物型金矿成矿模式图

（3）碳酸盐岩中的脉状金矿床。该类金矿床赋存于康定—石棉—西昌一带的上震旦系灯影组（水晶组）碳酸盐岩中（图 2—7）。

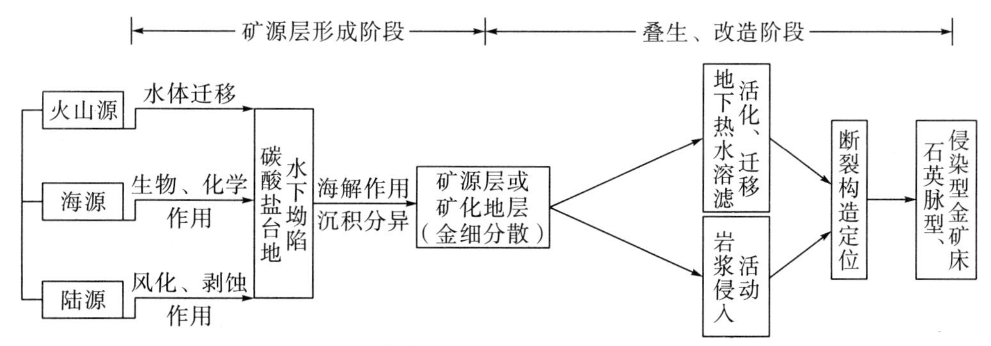

图 2—7　碳酸盐岩中的脉状金矿成矿模式图

（4）碳酸盐岩中的含金菱铁矿—铁帽型金矿。该类金矿是耳泽式金矿，矿体赋存于晚二叠世—早三叠世海相火山—沉积岩的碳酸盐岩内（图 2−8）。

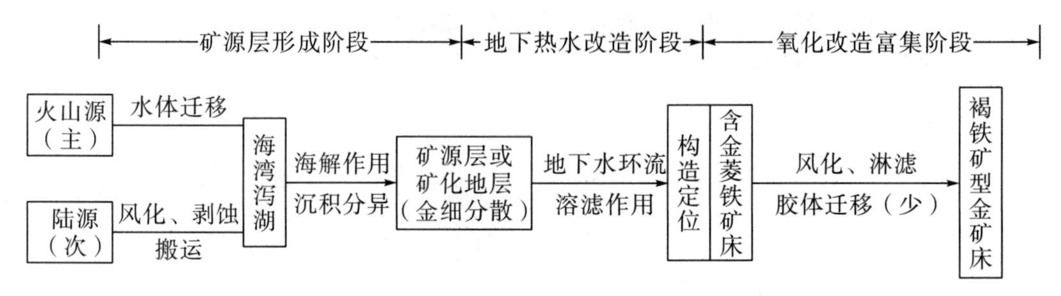

图 2−8　碳酸盐岩中的含金菱铁矿—铁帽型金矿成矿模式图

（二）四川省岩金成矿区划分及找矿预测

根据《四川省区域矿产总结》中成矿区（带）的划分原则，四川省岩金共划出Ⅰ级成矿单元 4 个，Ⅱ级成矿单元 9 个，Ⅲ级成矿单元 14 个，Ⅳ级找矿预测区 22 个（表 2−2、图 2−9）。其中，A 类预测区 10 个，B 类预测区 9 个，C 类预测区 4 个。考虑到省内岩金矿主要受控于深断裂及复合构造，往往分布在不同构造单元的交接带。因此，少数预测区跨越了Ⅲ级不同构造单元。

表 2−2　四川省岩金成矿区划分及找矿预测表

成矿区			找矿预测区
Ⅰ级成矿单元	Ⅱ级成矿单元	Ⅲ级成矿单元	Ⅳ级找矿预测区
扬子准地台成矿域Ⅰ$_{1}$	盐源—丽江台缘坳陷成矿区Ⅱ$_{1}$	盐源陷褶束成矿带Ⅲ$_{1}$	冕宁茶铺子预测区Ⅳ$_{A-1}$
	康滇地轴成矿区Ⅱ$_{2}$	泸定—米易台拱成矿带Ⅲ$_{2}$	康定二里沟—泸定红军楼预测区Ⅳ$_{A-2}$
			石棉西油房—西昌菜子地预测区Ⅳ$_{A-3}$
			西昌螺髻山—会理摩挲营预测区Ⅳ$_{B-1}$
			攀枝花同德—平地预测区Ⅳ$_{B-2}$
		东川断拱成矿带Ⅲ$_{3}$	会理通安预测区Ⅳ$_{B-3}$
			会东小街预测区Ⅳ$_{A-4}$
	龙门大巴山台缘坳陷成矿区Ⅱ$_{3}$	汉南台拱成矿带Ⅲ$_{4}$	米仓山预测区Ⅳ$_{C-1}$
		龙门山陷褶断束成矿带Ⅲ$_{5}$	龙门山南段预测区Ⅳ$_{B-4}$
	上扬子台坳陷成矿区Ⅱ$_{4}$	凉山陷褶束成矿带Ⅲ$_{6}$	金阳派来—对坪预测区Ⅳ$_{C-2}$

续表 2-2

成矿区			找矿预测区
Ⅰ级成矿域	Ⅱ级成矿区	Ⅲ级成矿带	Ⅳ级找矿预测区
松潘甘孜地槽成矿域Ⅰ$_{2}$	巴颜喀拉冒地槽成矿区Ⅱ$_{5}$	丹巴—茂汶地背斜成矿带Ⅲ$_{8}$	青川—茂汶预测区Ⅳ$_{B-5}$
			小金—丹巴预测区Ⅳ$_{A-5}$
			康定郭达山预测区Ⅳ$_{A-6}$
		马尔康地向斜成矿带Ⅲ$_{9}$	松潘漳腊预测区Ⅳ$_{A-7}$
			色达—洛若预测区Ⅳ$_{B-6}$
	雅江冒地槽成矿区Ⅱ$_{6}$	炉霍地背斜成矿带Ⅲ$_{10}$	炉霍—道孚预测区Ⅳ$_{B-7}$
	义敦优地槽成矿区Ⅱ$_{7}$	理塘地背斜成矿带Ⅲ$_{11}$	木里水洛东义预测区Ⅳ$_{A-8}$
			木里—李伍预测区Ⅳ$_{B-8}$
		义敦地向斜成矿带Ⅲ$_{12}$	白玉昌台预测区Ⅳ$_{B-9}$
三江地槽成矿域Ⅰ$_{3}$	巴塘优地槽成矿区Ⅱ$_{8}$	巴塘地背斜成矿带Ⅲ$_{13}$	巴塘预测区Ⅳ$_{C-4}$
秦岭地槽成矿域Ⅰ$_{4}$	西秦岭冒地槽成矿区Ⅱ$_{9}$	摩天岭地背斜成矿带Ⅲ$_{14}$	平武—青川预测区Ⅳ$_{A-9}$
		降扎地背斜成矿带Ⅲ$_{15}$	若尔盖拉尔玛—南坪预测区Ⅳ$_{A-10}$

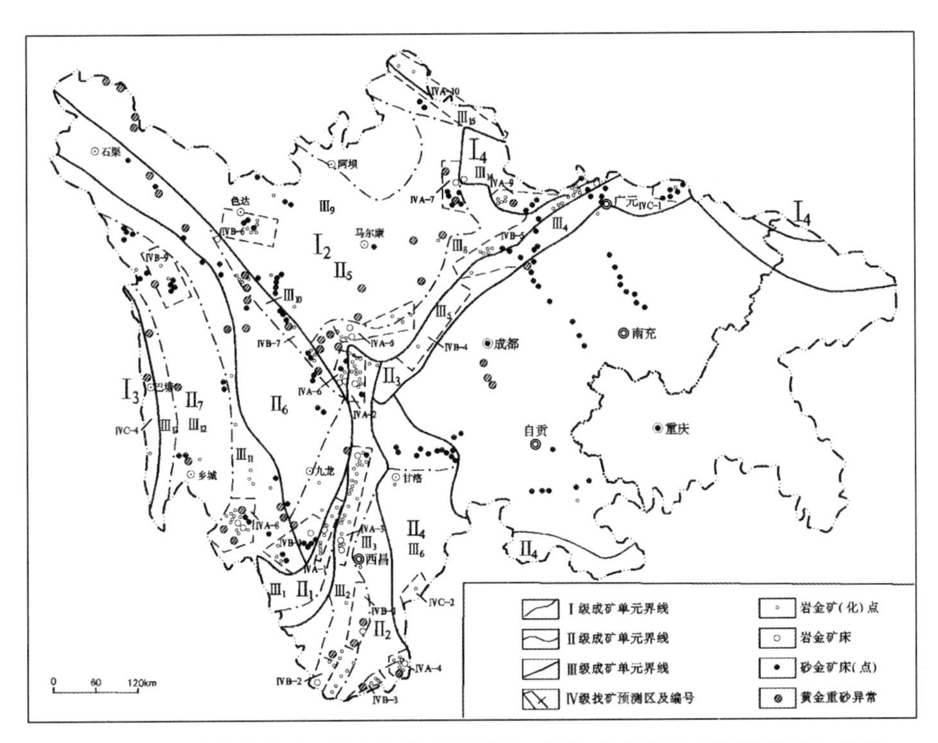

图 2-9　四川省岩金成矿区划分及找矿预测图（根据《四川省区域矿产总结》修绘）

六、甘孜—理塘构造岩浆岩金成矿带研究

甘孜—理塘构造带西接义敦火山岛弧，东邻松潘甘孜褶皱带，北起青海治多，经甘孜、理塘，向南至木里，呈近北北西向展布，长约为700 km，宽为10～15 km，总体呈北窄南宽不对称的反“S”形。甘孜—理塘构造带为甘孜—理塘洋演化的产物，经历了复杂的构造演化历史。甘孜—理塘洋于晚二叠世末至中三叠世扩张形成；晚三叠世中期（238～210 Ma），甘孜—理塘洋西向俯冲消减形成义敦岛弧；晚三叠世末期到燕山早期（208～138 Ma），甘孜—理塘洋闭合，义敦岛弧与扬子西缘发生近东西向碰撞；白垩纪（138～75 Ma）主要在义敦岛弧弧后区发生后造山伸展垮塌作用；随后喜马拉雅早期，印度板块与欧亚大陆碰撞，三江地区发生北西向走滑剪切导致甘孜—理塘构造带强烈褶皱隆升。甘孜—理塘构造带出露地层主要为三叠系拉纳山组、图姆沟组和曲嘎寺组。拉纳山组主要由砂岩、板岩和炭质板岩组成。图姆沟组下段为板岩、硅质板岩、石英岩夹砾砂岩；中段为长石石英砂岩、板岩、流纹岩、灰岩；上段为板岩夹石英砂岩。曲嘎寺组下段为石英砂岩、板岩和基性凝灰岩；上段为变质基性、中基性凝灰岩、凝灰质砂岩、板岩和玄武岩。该区域内还发育一套被构造改造的蛇绿混杂岩，分别为卡尔蛇绿岩组、瓦能蛇绿岩组，其中卡尔蛇绿岩组在早期裂谷环境中形成，由变质碎屑岩和硅质岩组成；瓦能蛇绿岩组则为具有洋壳属性的一套玻基橄榄岩、角闪橄榄岩、堆晶辉石岩、辉长岩、枕状玄武岩、含放射虫硅质岩以及砂质、钙质板岩，局部夹岩屑石英杂砂岩块、长石石英杂砂岩块、大理岩块、结晶灰岩块、白云母石英片岩块。区内构造复杂，构造带北部发育为呈北西向、中部发育为呈近南北向、南部发育为呈“帚”状的由木里一带向金沙江断裂延伸的区域性主干断裂，控制着区域上金矿床的分布。在木里—锦屏一带，由于义敦岛弧与扬子陆块的碰撞作用，形成了近东西向的弧形逆冲—推覆构造，相继发育了恰斯、唐央、瓦厂、长枪、江浪等一系列大小不等、呈孤立分散状产出的穹窿地质体，围绕这些穹窿地质体，形成了与其密切相关的金（恰斯、唐央）、铜锌（江浪）和铅锌多金属（踏卡）等一系列重要矿产地。

甘孜—理塘构造带是四川西部最重要的贵金属成矿带，该区域被发现存在一大批大中型金矿，如嘎拉金矿、错阿金矿、雄龙西金矿、色卡金矿、阿佳隆洼金矿等。国内外学者普遍认为，该类型金矿与韧性剪切带密切相关，属于剪切带型金矿。其中梭罗沟就是其中之一（图2—10）。

据《四川省地质构造与成矿》中提到的，甘孜—理塘构造带发育蛇绿混杂岩。在俯冲过程中，来自两侧的外来岩块进入结合带，其中包含外来的和原地的两种构造环境的火山岩组合。

甘孜—理塘构造带，南段以梭罗沟金矿为代表，产于基性火山凝灰岩、基性火山凝灰角砾岩中，包括橄榄（金云母）玄武岩、玄武岩、玄武质岩屑凝灰岩、中基性晶屑凝灰岩、基性凝灰火山角砾岩等；北段以嘎拉金矿为代表，含矿岩石以火山喷发相的安山质凝灰岩、玄武质凝灰岩为主，以火山喷发相、喷溢相及次火山相的安玄质凝灰岩、玄武质凝灰熔岩及少量玄武岩、辉绿岩、沉凝灰岩为次。

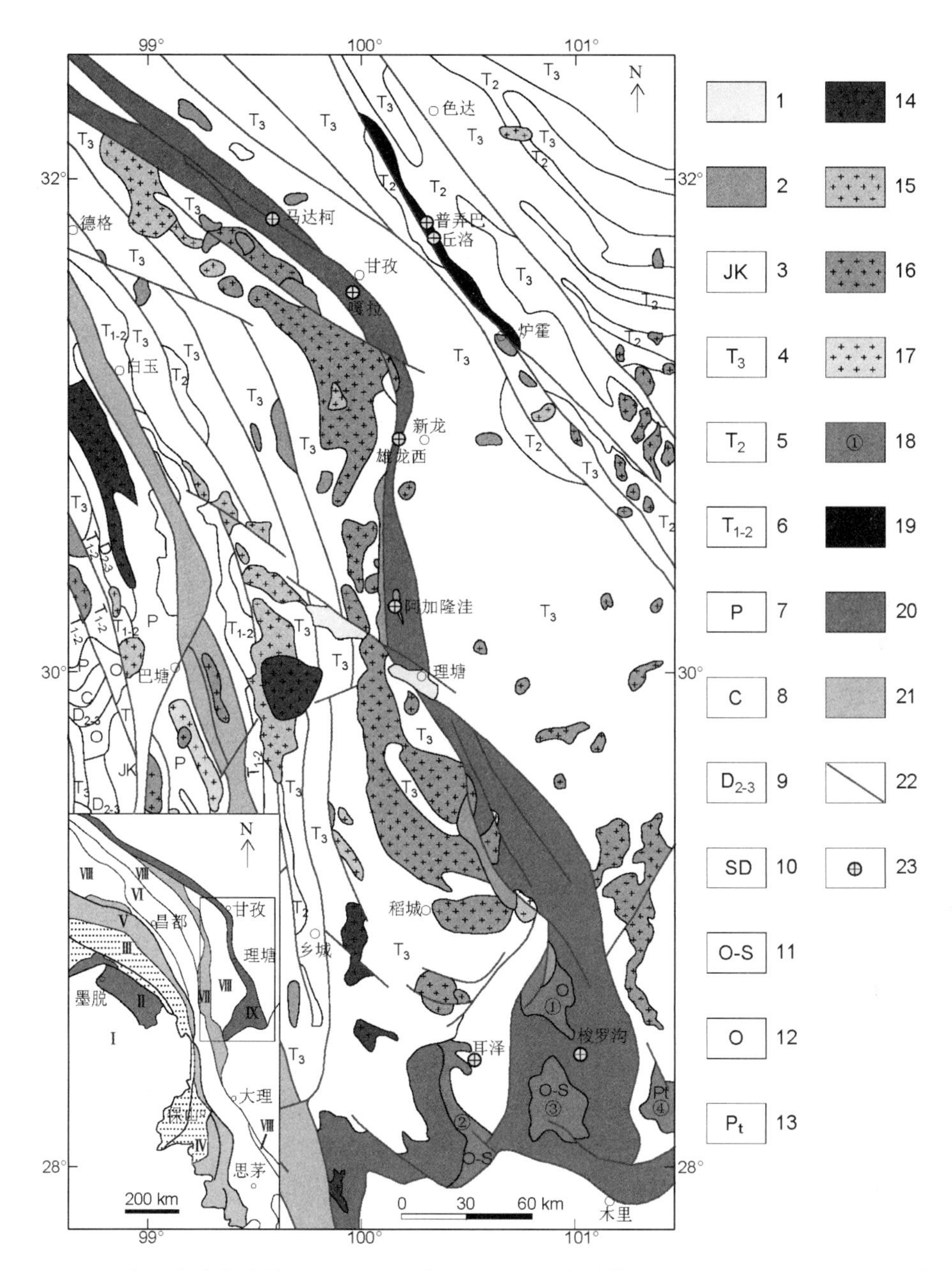

图 2−10　三江地区大地构造简图（a）和甘孜—理塘金矿成矿带区域地质图（b）（据刘书生等修绘）

1−第四系；2−古近系—新近系砂砾岩；3−侏罗系—白垩系紫红色砂岩、泥岩、砾岩；4−上三叠统碎屑岩夹火山岩、碳酸盐岩；5−中三叠统细碎屑岩夹碳酸盐岩；6−下—中三叠统细碎屑岩、砂岩；7−二叠系砂岩、灰岩、中基性火山岩；8−石炭系灰岩、白云岩；9−中—上泥盆统灰岩、白云岩、砂页岩；10−志留系—泥盆系页岩、灰岩、白云岩夹火山岩；11−奥陶系—志留系灰岩、白云岩、粉砂岩、板岩、千枚岩；12−奥陶系灰岩、白云岩、粉砂岩、板岩；13−元古界变质岩；14−喜马拉雅期花岗岩；15−燕山期花岗岩；16−印支期花岗岩；17−华力西期花岗岩；18−构造穹隆及编号；19−炉霍—道孚缝合带；20−甘孜—理塘构造带；21−金沙江—哀牢山缝合带；22−断裂；23−金矿床

梭罗沟金矿成矿受剪切构造带的强烈的热液活动控制，大规模的基性火山喷发活动

为金矿的形成提供了丰富的物质基础，是矿源层；后期近东西向断裂构造为成矿热液运移提供了良好的通道和矿液沉淀的场所，既是导矿断裂，也是容矿构造。矿化即形成于这种剪切带的强烈蚀变玄武岩及蚀变的玄武质火山角砾岩、火山角砾凝灰岩、火山凝灰（玻屑、晶屑、岩屑）岩中。

七、有关梭罗沟金矿的探究成果

围绕梭罗沟金矿，许多专家学者都曾发表相关文章。

2012年，王兆成、勾永东、范晓、罗涛等在《物探化探计算技术》发表了“四川木里梭罗沟金矿黄铁矿标型特征及地质意义”，文中得出结论：梭罗沟黄铁矿较五角十二面体黄铁矿含金性好，黄铁矿的含砷黄铁矿“边”是其赋存金的标志之一。梭罗沟金矿成因属于基性火山岩构造蚀变岩型，而非岩浆热液型。成矿具有多期性，三叠系曲嘎寺组基性火山岩是初始阶段，为成矿提供了丰富的物质来源；松潘—甘孜造山带边缘山链向南逆掩逆冲，为成矿提供了热源、容矿构造与成矿流体。成矿流体主要由变质热液组成，形成温度为中温。

2013年，徐志明、周福筬、刘志祥、朱丹、秦邦泽等在《城市建设理论研究》上发表了“木里县梭罗沟金矿氧化带与原生带的划分标准及其应用探索”，文中提出：目前国内外金矿勘查中，氧化带和原生带没有明确的划分标准。该文以梭罗沟金矿为例，试用了多种方法划分氧化带和原生带，最终确定了以S/Au比值作为梭罗沟金矿氧化带与原生带划分的最佳方法。

2014年，刘书生、范文玉、聂飞、刘文武、王显峰的“四川木里梭罗沟金矿床地质特征及控矿因素分析”被收入厦门第十二届全国矿床会议交流论文集。该文提出：梭罗沟金矿是产于甘孜—理塘成矿带南端（与扬子陆块西缘的接合部位）晚三叠统海相火山岩建造中的超大型金矿床。通过对矿床地质、围岩蚀变等特征的研究，分析其控矿因素，认为梭罗沟金矿不完全受地层岩性的制约，成矿作用主要受近东西向构造控制，深部（隐伏）岩浆活动不仅为含矿热液提供了热动力，可能也是主要的成矿流体来源；矿石结构构造、矿物组成及赋存状态特征表明，梭罗沟金矿属中—低温热液充填型矿床。2015年，该文被《黄金地质》发表，指出近东西向的构造体系是矿区主要找矿标志，硅化、黄铁矿化、毒砂矿化、碳酸盐化等蚀变是直接的找矿标志，Au、As、Sb、W组合异常区域是有利的找矿地段。

2014年，朱华平、刘书生、聂飞、石洪召、范文玉在《矿床地质》发表了“四川木里地区新发现梭罗沟金矿床地质特征及矿床成因初探”，该文指出：甘孜—理塘构造带是四川西部最重要的贵金属成矿带，其中发现了一大批大中型金矿，如嘎拉金矿、错阿金矿、雄龙西金矿、色卡金矿、阿佳隆洼金矿等。国内外学者普遍认为该类型金矿与韧性剪切带密切相关，属于剪切带型金矿。梭罗沟金矿是继该类金矿床之后在甘孜—理塘构造成矿带上又新发现的一大类金矿床，关于梭罗沟金矿的矿床成因，普遍认为是典型的韧性剪切带型。少数人认为，矿床属于基性火山岩构造蚀变岩型，其成矿流体主要来自变质热液。该文又一次肯定了梭罗沟金矿属于中—低温热液充填型矿床。

2014 年，喻安光、卢玫瑰、宋晓华、刘文武在《四川地质学报》发表的“四川木里梭罗沟金矿床特征”中指出：四川木里梭罗沟金矿床位于甘孜—理塘构造成矿带的南段、唐央复式背斜南东倾伏端（或唐央穹窿南缘），目前已探明储量属大型岩金矿床。矿体产于上三叠统曲嘎寺组蚀变基性火山岩中，受近东西向断裂控制。矿床具多期成矿特点，属构造蚀变岩型—中低温热液型金矿床。

2018 年，谭耕莉、张文林、席孝义、廖方、文怀忠、刘文武在《矿产与地质》发表的“四川省梭罗沟金矿区蚀变矿物标志的近红外光谱异常提取研究”中总结到：四川梭罗沟金矿为典型的构造热液蚀变岩型金矿，其探明的资源储量较大。金矿化与蚀变矿物类型及空间分布特征密切相关。以近年来使用效果较好的近红外光谱测量技术，根据梭罗沟金矿的地质地貌特征，对矿区 10 号、15 号矿体进行了蚀变矿物填图。结果显示，蒙脱石、伊利石、高岭石在矿化体上分布较多，与地表揭露的矿化体位置对应较好，明确了蚀变矿物与矿化体的对应情况。此次研究确定了梭罗沟金矿区内蚀变矿物的类型、组合及空间分布特征，建立了地表指示矿化体的蚀变矿物组合及标志，并圈定了具有较大潜力的找矿靶区。

2019 年，杨永飞、刘书生、聂飞、张文林在《矿床地质》发表的“四川木里梭罗沟金矿床流体包裹体研究及矿床成因”中提出：四川木里梭罗沟金矿床位于甘孜—理塘构造成矿带的南端，矿体产于近东西向断裂控制的构造蚀变带内，流体成矿过程可分为三个阶段，即早阶段以发育石英—他形黄铁矿脉为特征，矿化较弱；中阶段以石英、五角十二体黄铁矿、毒砂矿物组合为特征，为主成矿阶段；晚阶段发育石英—碳酸盐，有的含有立方体黄铁矿脉，基本无矿化、硅化、黄铁绢英岩化、碳酸盐化蚀变发育。成矿深度为 10～11 km，从早阶段到晚阶段，成矿流体由中—高温、富 CO_2 的变质热液向低温、贫 CO_2 的大气降水热液演化，成矿流体温度降低、CO_2 逃逸是控制成矿物质沉积的主要原因。矿床地质和流体包裹体特征指示梭罗沟金矿床可能为造山型金矿床。

第三章　区域地质特征

第一节　区域地质

一、构造分区与格架

四川木里梭罗沟矿区位于甘孜—理塘构造带附近的德格—中甸陆块Ⅱ$_1$（图 3-1）。由研究区内的构造发育可知，这些断裂活动表现出长期性的特点，即从元古代一直到喜马拉雅期都有活动，断裂性质也曾多次发生改变。它们在本区地史演化中起着控制沉积、岩浆活动和成矿的作用。

松潘—甘孜造山带是古特提斯洋开启和闭合的产物，归因于扬子陆块向北俯冲于昆仑地块之下，同时又向西俯冲于羌塘—昌都陆块之下的双向俯冲结果，致使造山带的平面形态呈一个独特的倒三角形，同时又记录了新特提斯运动的构造变形过程。有研究结果表明，松潘—甘孜造山带形成的主要时段在 P_{21}—T_{32}，持续时间约 50 Ma，历经了收缩变形与伸展变形等过程，形成有深层高温韧性的剪切带，并伴随有高温面理、线理、“A”形褶皱等构造变形现象。在 T_3晚期以来，随着新特提斯洋的开启与闭合以及热流作用，致使造山带地壳上部的体积膨胀，在强大的近东西向挤压作用下，造山带整体上升，地壳上部物质的塑性流动导致沿龙门山—锦屏山构造带发生大规模冲断，形成龙门山和盐源前陆薄皮逆冲楔，四川盆地则进入前陆盆地的发育时期。

攀西地区具有典型的双层地壳结构，其基底由新太古代—早元古代结晶基底和中元古代褶皱基底组成（图 3-2）。结晶基底主要分布于康定至攀枝花一线，为南北向安宁河深大断裂带控制和限定，是以构造—岩浆杂岩带形式出现的，常保留有穹（环）状构造形态（石棉冶勒、西昌金林、盐边同德、攀枝花大桥等穹状体），显示了具古老“陆核”特征。该带多期变形变质叠加，构造置换明显，片理、片麻理十分发育，线性构造以南北向为主，间有北东、北西、东西及北东东向。褶皱基底主要出露于安宁河断裂以东的会理—会东和汉源—峨边两个东西向基底隆起带，并以“断块”形式出现。中元古界地层褶皱十分发育，轴向主要有南北向、东西向及北西向、北东向，在平面上构成弧形弯曲，处于剖面上不同岩群（组）的褶皱形态具有明显的差异。

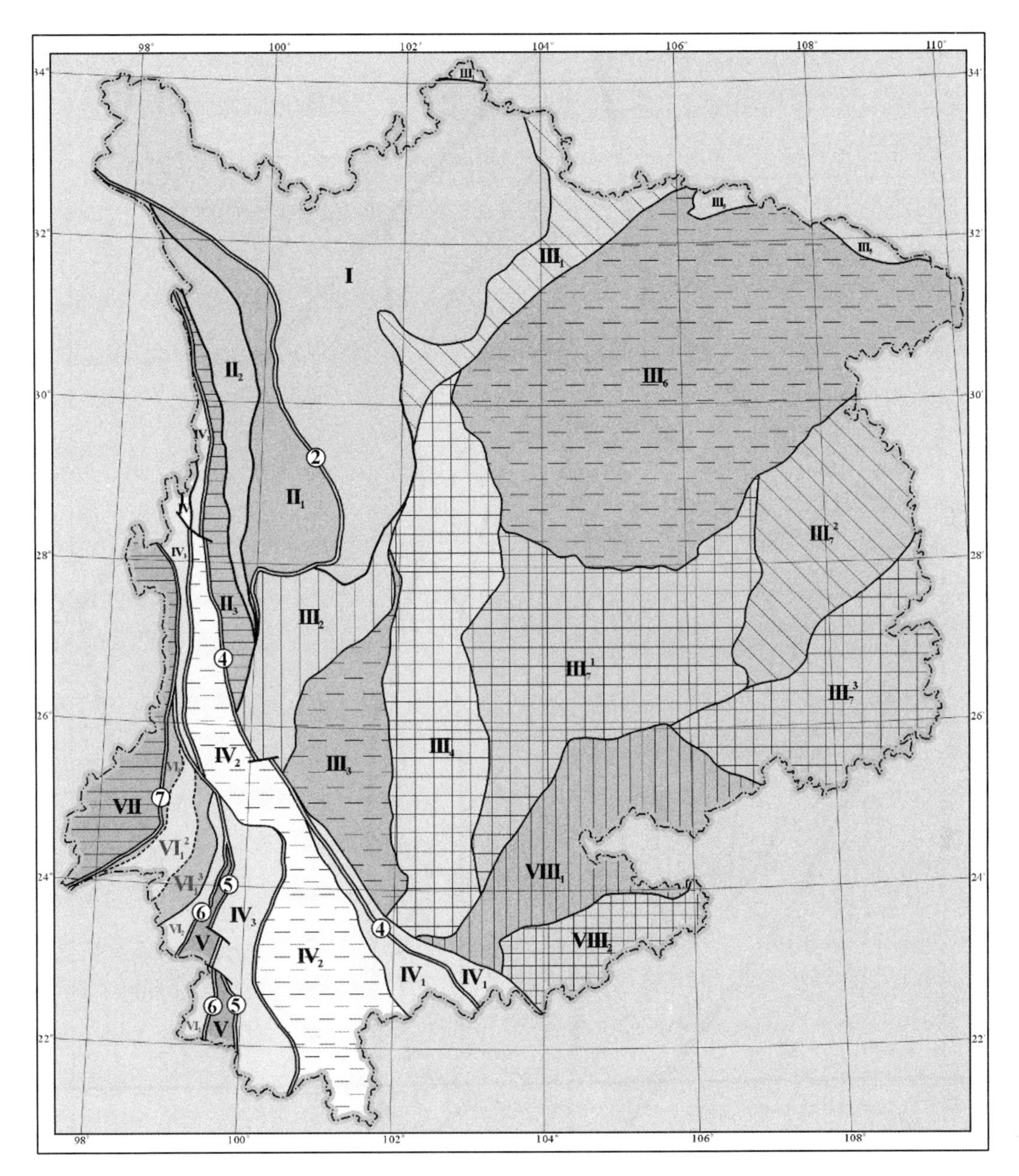

图 3－1　扬子陆块西缘大地构造分区图

Ⅰ－巴颜喀拉褶皱带；Ⅱ－德格—中甸陆块；Ⅲ－扬子陆块；Ⅳ－昌都—芒康—思茅陆块；Ⅴ－左贡陆块；Ⅵ－保山陆块；Ⅶ－腾冲陆块；Ⅷ－南盘江陆块；②－甘孜—理塘构造带；④－金沙江—哀牢山构造带；⑤－澜沧江构造带；⑥－昌宁—孟连构造带；⑦－班公湖—怒江构造带

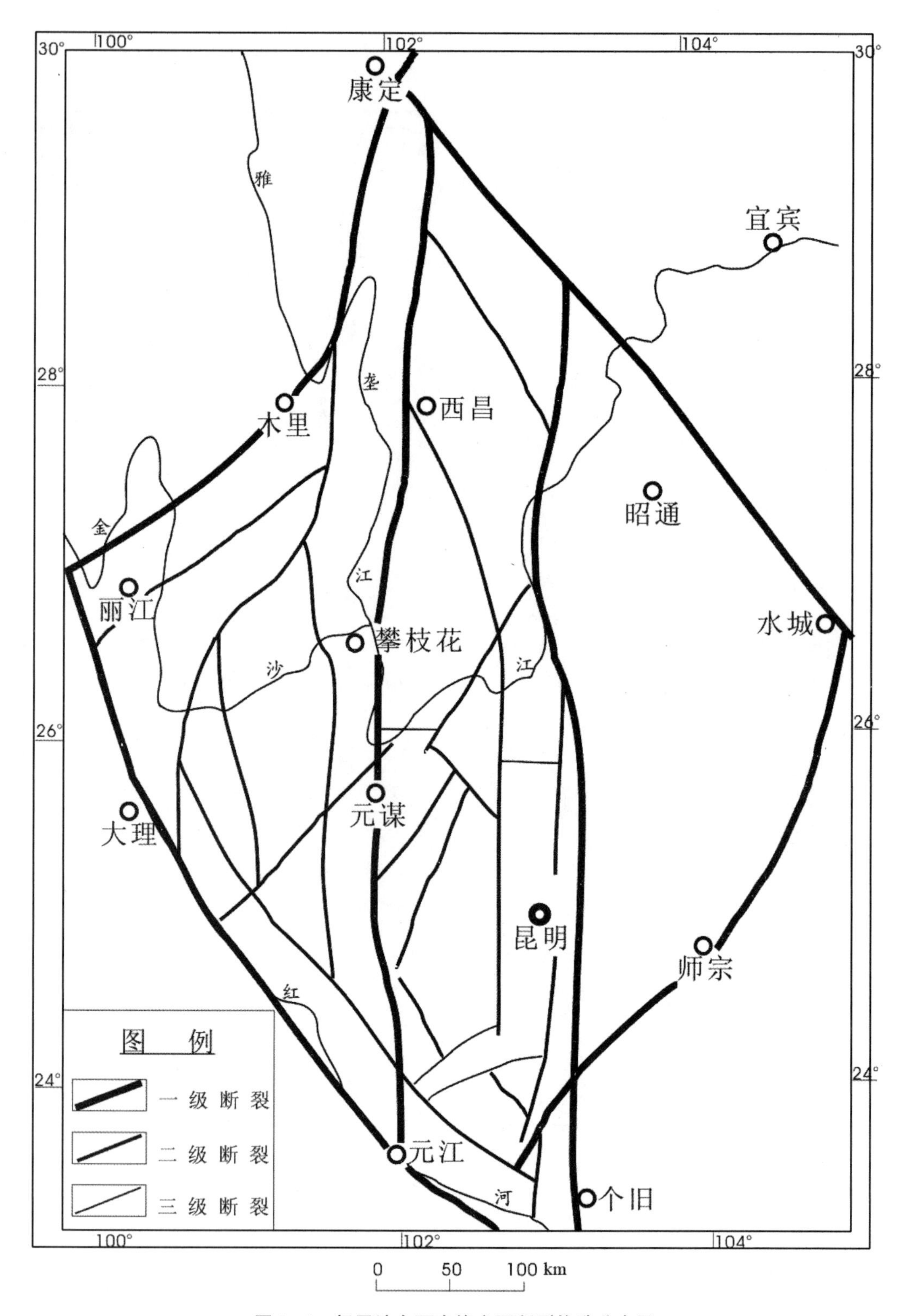

图 3-2 扬子地台西南缘主要断裂构造分布图

自前南华纪以来，凉山州（含攀枝花地区）大地构造演化历经了 3 个构造旋回、4 个构造阶段和 7 个构造期（图 3—3），最终形成了现今的区域地质构造格局。

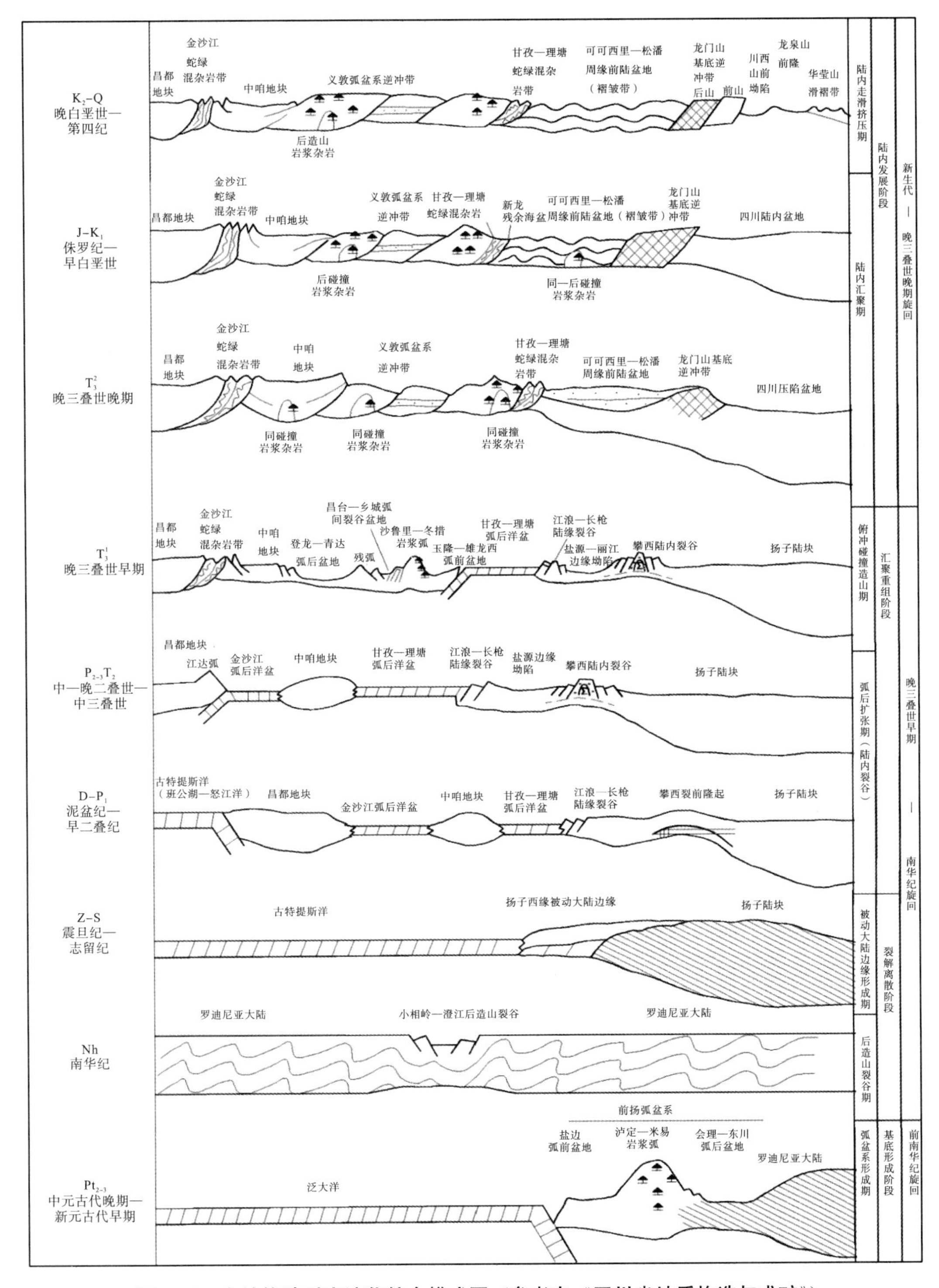

图 3—3　大地构造时空演化综合模式图（参考自《四川省地质构造与成矿》）

二、区域地层

在地层分区上，梭罗沟金矿位处Ⅱ级地层区巴颜喀拉地层区（IV_1）内（图 3—4），该区以青川—茂汶断裂带、康定、锦屏山—小金河断裂带与扬子地层区分界，为次稳定，非稳定碎屑岩、火山岩为主夹碳酸盐岩建造，尤以三叠系分布广、厚度大、岩性复杂多变。

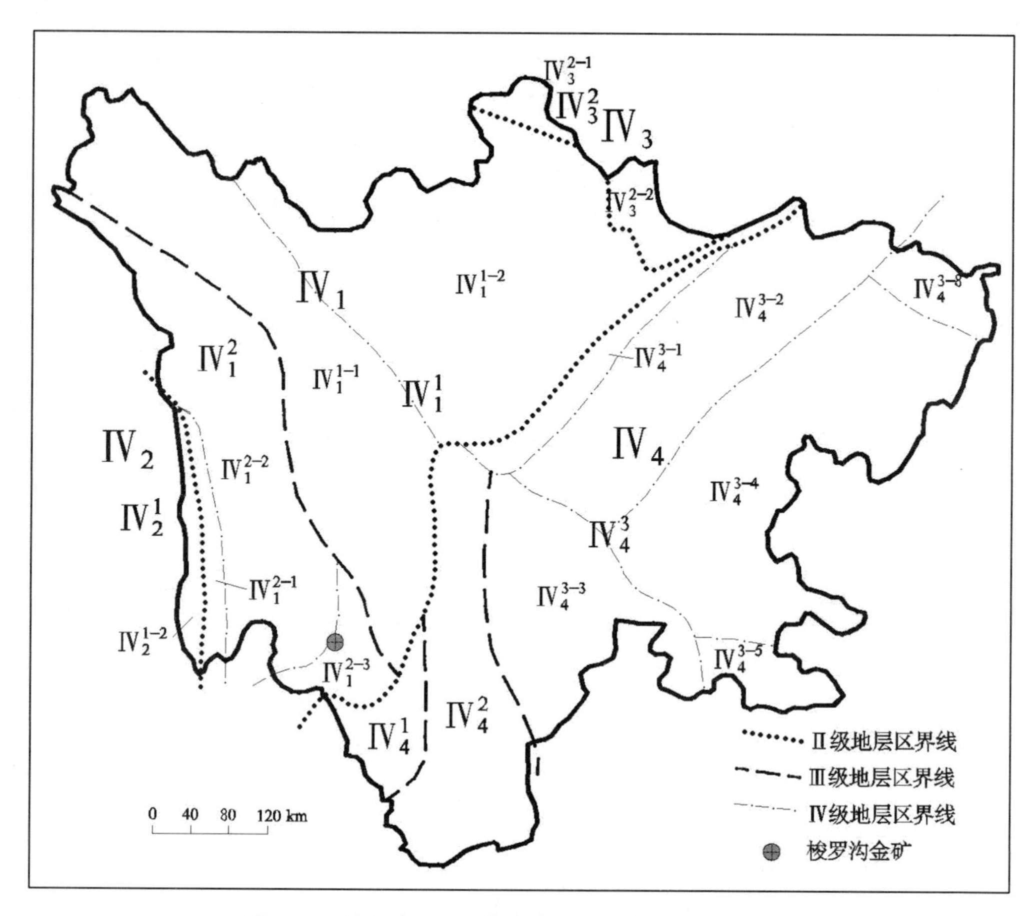

图 3—4　地层分区图（参考自《四川省区域地层志》）

巴颜喀拉地层区（IV_1）：玛多—马尔康地层分区（IV_1^1）—雅江小区（IV_1^{1-1}）、金川小区（IV_1^{1-2}）；玉树—中甸地层分区（IV_1^2）—中咱小区（IV_1^{2-1}）、稻城小区（IV_1^{2-2}）、木里小区（IV_1^{2-3}）、摩天岭地层分区（IV_3^2）—降扎小区（IV_3^{2-1}）、九寨沟小区（IV_3^{2-2}）

昌都—思茅地层区（IV_2）：金沙江地层分区（IV_2^1）—奔子栏—江达小区（IV_2^{1-2}）

扬子地层区（IV_4）：丽江分区（IV_4^1），康定分区（IV_4^2），上扬子分区（IV_4^3）—九顶山小区（IV_4^{3-1}）、成都小区（IV_4^{3-2}）、峨眉小区（IV_4^{3-3}）、重庆小区（IV_4^{3-4}）、叙永小区（IV_4^{3-5}）、巫溪小区（IV_4^{3-8}）

Ⅲ级地层区玉树—中甸地层分区（IV_1^2）和Ⅳ级地层区木里小区（IV_1^{2-3}），区块内下古生界沉积物以石英砂岩、粉砂岩、硅质、绢云板岩、千枚岩等碎屑岩为主，夹有少量不稳定的泥质灰岩；上古生界沉积物以石英砂岩、绢云板岩夹结晶灰岩、角砾状灰岩、硅质岩为主。其中，二叠系局部层段含有巨厚蚀变玄武岩；三叠系沉积物以变质细—粉砂岩、板岩、千枚岩为主，各层段程度不等地夹有结晶灰岩和基—酸性火山岩及凝灰岩，顶部偶见炭质板岩及薄煤层，小区南段木里地区夹有较厚的生物灰岩，地层普遍遭受区域变质作用，变质程度一般较低，仅为绿岩片相，局部可达角闪岩相。小区内构造变形强烈，地层褶皱、断裂形态复杂，火山岩极为发育，尤以北部为最，呈带状分布。

印支后期，该小区大面积上升，结束了海相沉积历史，但在甘孜—理塘构造带南缘的局部地区，在侏罗纪时期形成连续性较差的残留盆地，与构造带走向大致平行展布。残留盆地内沉积物为石英砂岩、长石石英砂岩夹杂色板岩（下部），大理岩化细—粉晶、砂砾屑、生物屑灰岩（上部）。新生代时期，该小区在上升剥蚀阶段局部形成小型断陷盆地，古近纪盆地中堆积了厚达千米的山前磨拉石建造，岩性以砾岩、砂泥岩为主；新近纪小型盆地中沉积物为含煤碎屑岩系，岩性以砾岩、砂泥岩为主，常含褐煤层（图 3−5）。

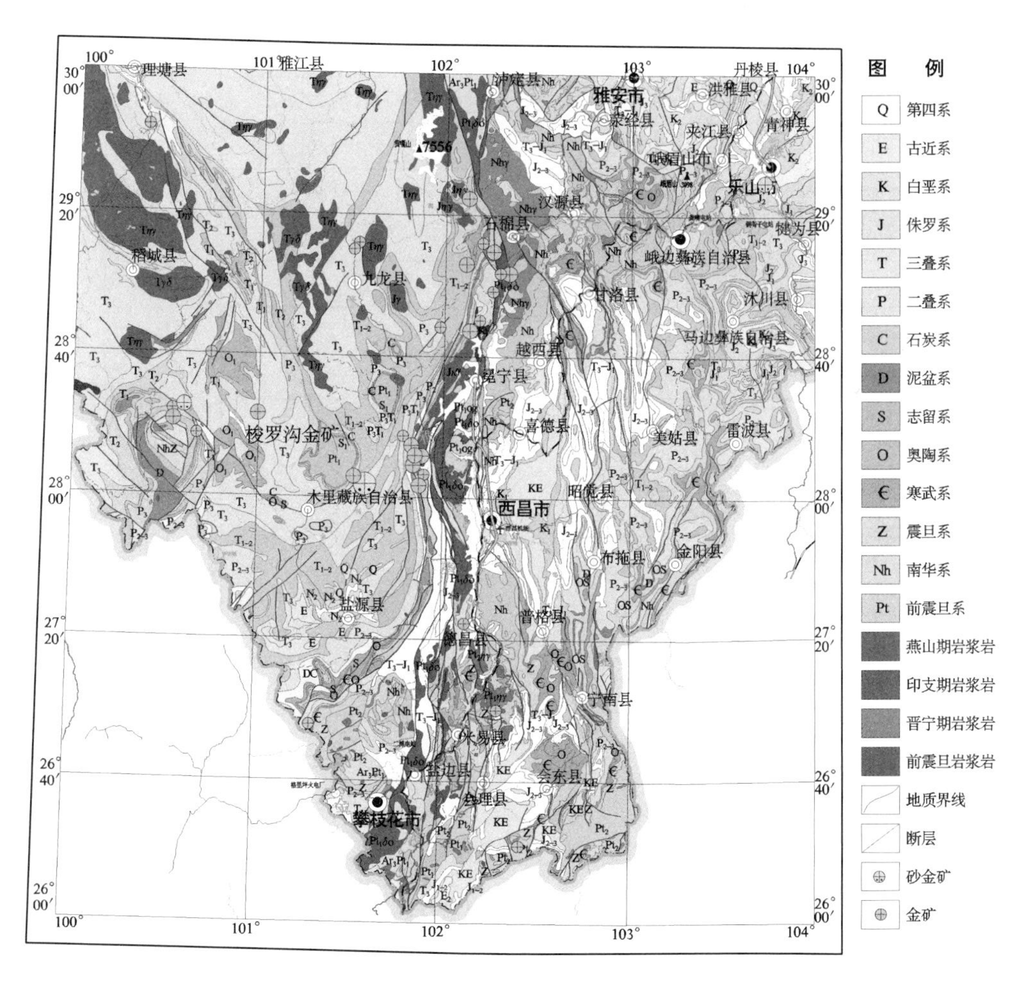

图 3−5　区域地质图

表 3−1 为四川省西部岩石地层划分对比表。

表 3−1　四川省西部岩石地层划分对比表

地质时代	华南地层大区						年代地层	
	巴颜喀拉地层区							
	玉树—中甸地层分区				玛多—马尔康地层区			
	中咱小区	稻城小区	木里小区		雅江小区	金川小区		
第四纪							Q	第四系
新近纪		昌台组	昌台组		昌台组	昌台组	N	新近系
古近纪	热鲁组		热鲁组		热鲁组	热鲁组	E	古近系
白垩纪							K	白垩系
侏罗纪		瑞环山组		瑞环山组			J	侏罗系
		立洲组		立洲组				
三叠纪			英珠娘阿组		雅江组		T_3	三叠系
	拉纳山组	喇嘛垭组			两河口组			
	勉戈组	勉戈组	图姆沟组		新都桥组			
		根隆组	曲嘎寺组	理塘蛇绿岩群	侏倭组			
		列衣组	马索山组		杂谷脑组		T_2	
			三珠山组		扎尕山组			
	布伦组	党恩组	领麦沟组		菠茨沟组		T_1	
二叠纪	赤丹潭组	冈达概组	卡翁沟组		大石包组		P	二叠系
	冰峰组				三道桥组			
石炭纪	顶坡组					西沟组	C	石炭系
			邛依组			雪宝顶组		
泥盆纪	塔利坡组						D_3	泥盆系
	苍纳组							
	穹错组	崖子沟组			危关组		D_2	
	格绒组	蚕多组					D_1	
		依吉组						
志留纪	雍忍组						S	志留系
	散则组				通化组			
	格扎底组		米黑组					
奥陶纪	物洛吃普组		物洛吃普组		大河边组		O_3	奥陶系
							O_2	
	邦归组		瓦厂组				O_1	
			人公组					

续表 3—1

<table>
<tr><td rowspan="4">地质时代</td><td colspan="6">华南地层大区</td><td rowspan="4" colspan="2">年代地层</td></tr>
<tr><td colspan="6">巴颜喀拉地层区</td></tr>
<tr><td colspan="3">玉树—中甸地层分区</td><td rowspan="2"></td><td colspan="2">玛多—马尔康地层区</td></tr>
<tr><td>中咱小区</td><td>稻城小区</td><td>木里小区</td><td>雅江小区</td><td>金川小区</td></tr>
<tr><td rowspan="5">寒武纪</td><td>颂达沟组</td><td></td><td rowspan="11"></td><td rowspan="11"></td><td rowspan="5"></td><td rowspan="5">渭门组</td><td rowspan="2">$\in_3$</td><td rowspan="5">寒武系</td></tr>
<tr><td>额顶组</td><td rowspan="3">呷里降组</td></tr>
<tr><td rowspan="9"></td><td>$\in_2$</td></tr>
<tr><td rowspan="2">$\in_1$</td></tr>
<tr><td></td></tr>
<tr><td rowspan="2">震旦纪</td><td>水晶组</td><td rowspan="6"></td><td rowspan="6"></td><td rowspan="2">Z</td><td rowspan="2">震旦系</td></tr>
<tr><td>蜈蚣口组</td></tr>
<tr><td rowspan="2">南华纪</td><td>木座组</td><td rowspan="2">Nh</td><td rowspan="2">南华系</td></tr>
<tr><td></td></tr>
<tr><td rowspan="2">前震旦纪</td><td>下喀沙组</td><td rowspan="2"></td><td rowspan="2">前震旦系</td></tr>
<tr><td></td></tr>
</table>

三、区域岩浆岩

区域内岩浆岩较发育，分布较为广泛，既有喷出岩、侵入岩，还有零星岩脉分布，且期次多，岩性复杂。喷出岩相对集中、成片分布，有古元古界康定群咱里组—冷竹关组中的玄武岩—英安岩组合［现已变质为斜长角闪片（麻）岩—二云母石英片岩等］，新元古界青白口系荒田组中的玄武岩—英安岩组合，南华系苏雄组中的玄武岩、英安岩、流纹岩及英安岩—流纹质火山角砾岩、集块岩，二叠系峨眉山玄武岩等。侵入岩体（群）北东部侵入体长轴呈南北向，如大渡口、大尖山等岩体；西南部侵入体则呈椭圆状、短轴状、不规则状，如大田岩体、同德岩体等。侵入岩岩性复杂，从超基性、基性到中性、中酸性、酸性、碱性均有发育。

区内太古代—古元古代的岩浆活动强烈，早期为大规模海底火山喷溢，伴有基性和超基性岩浆侵入；中元古代早期岩浆活动为不同环境的火山喷发，伴有基性—超基性岩侵位；晚期以火山喷发开始，继之为基性、超基性岩与石英闪长岩侵入，最后形成大规模的花岗岩。主要为会理群，构成一个北段呈北东向火山岩带。基性—超基性岩岩体侵入太古代—古元古代和中元古代地层，又被晋宁期花岗岩侵入。早震旦世岩浆活动以强烈的中酸性火山喷发伴以大规模的花岗岩浆侵入为特征。晚震旦世—石炭纪岩浆活动微弱。二叠系—侏罗系岩浆岩在攀西大裂谷中与以基性火山岩为主的双模式火山岩套相伴有层状基性、超基性、中酸性和碱性侵入岩形成。

区内岩浆活动种类复杂，形式多样，分布不均，并具多期性。岩体出露受南北向为主的构造控制作用明显，岩浆作用以前寒武纪晋宁期和华力期两大岩浆旋回为主，少许燕山期岩浆作用。岩浆岩的空间分布和岩石化学特征具继承性，并随地质历史的发展和地壳的增厚，花岗岩类的分布逐渐占据优势地位。

晋宁期岩体多分布于攀枝花断裂带及其西侧，华力西期岩体分布于攀枝花断裂带及昔格达—元谋断裂带。燕山期岩体则主要产在中生代。

四、区域变质岩

根据《四川省地质构造与成矿》中关于变质单元的划分准则，梭罗沟金矿位于义敦变质地带（I_2^3）中（图3−6）。义敦变质地带（I_2^3）属于松潘—甘孜变质地带（I_2），义敦变质地带北东以甘孜—理塘深大断裂为界，西以玉树—欧巴纳—定曲河—（云南）中甸断裂为界，近南北向带状展布。受变质地层为三叠统义敦群和上二叠统地层。这一套沉积属岛弧环境的火山岩—碎屑岩建造或复理石建造。

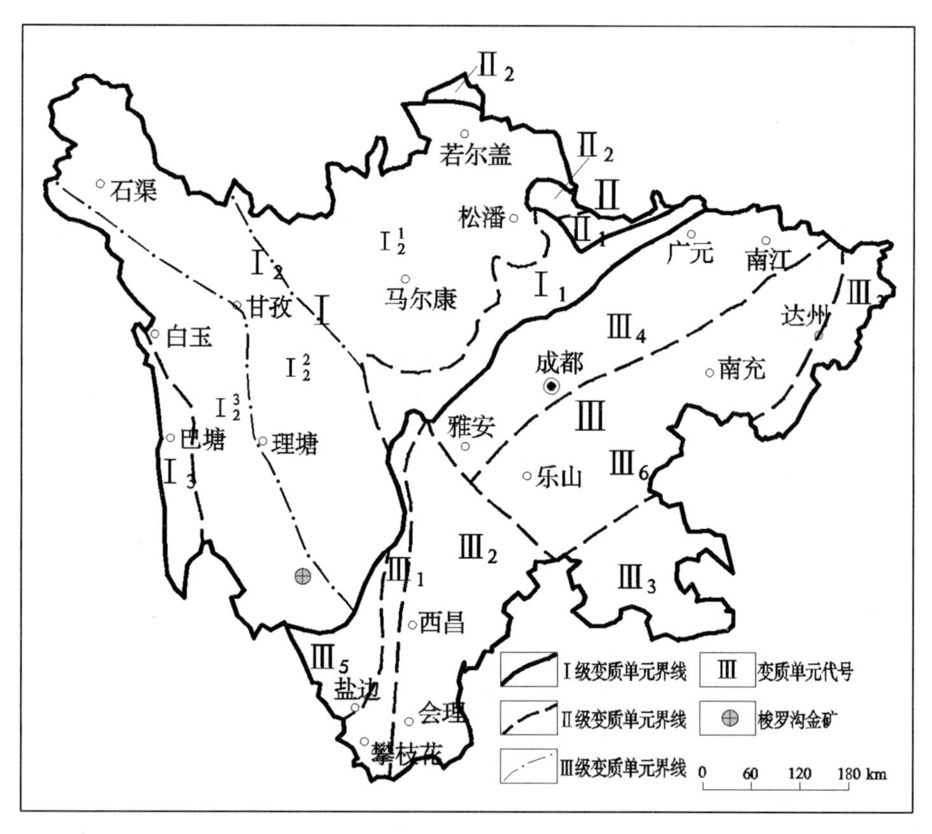

图3−6　四川省变质单元划分图

Ⅰ—川西变质地区；I_1—龙门山后山变质地带；I_2—松潘—甘孜变质地带；I_2^1—阿坝—马尔康变质岩带；I_2^2—石渠—雅江变质岩带；I_2^3—义敦变质岩带；I_3—金沙江变质地带；Ⅱ—秦岭变质地区；II_1—摩天岭变质地带；II_2—迭部—康县变质地带；Ⅲ—扬子变质地区；III_1—泸定—攀枝花变质地带；III_2—会理变质地带；III_3—川东南变质地带；III_4—灌县—南江变质地带；III_5—盐边变质地带；III_6—川中变质地带

第二节　区域物探

一、区域物性

（一）密度特征

四川省各类岩石、地层密度（李富、曾琴琴、王永华等：《中国西南地区重磁场特征及地质应用研究》，2016）表明，区域岩石密度特征的规律为岩浆岩＞变质岩＞沉积岩。随地层时代由新至老，各时代地层岩石密度呈增大趋势。四川省出露地层可分为6个密度层：第四系—古近系、白垩系—侏罗系、三叠系—寒武系、震旦系、褶皱基底、结晶基底（表3－2～表3－4）。

表3－2　四川省南部、西部岩浆岩密度特征简表

岩性＼地区	义敦褶皱带	雅江褶皱带	巴颜褶皱带	攀西褶皱带
酸性岩	2.62	2.62	2.64	2.61
	2.58～2.66	2.59～2.64	2.60～2.66	2.51～2.73
中性岩	2.74	2.74	2.87	2.81
	2.70～2.77	2.69～2.77	2.75～2.95	2.78～2.90
基性岩	2.97			2.94
	2.94～3.01			2.67～3.18
超基性岩	2.62			3.14
	2.60～2.64			3.02～3.30
碱性岩		2.74	2.89	2.62
		2.71～2.77	2.66～3.01	2.62～2.67
喷出岩（玄武岩）	2.97			2.86
				2.67～3.04

注：表中数据来源于李富、曾琴琴、王永华等：《中国西南地区重磁场特征及地质应用研究》，2016；密度单位为g/cm^3。

表3－3　四川省南部、西部沉积岩、变质岩密度特征简表

岩性	密度值变化范围	岩性	密度值变化范围
砾岩	2.41	变质砂岩	2.46
	2.02～2.80		2.21～2.71
砂岩	2.43	板岩	2.58
	1.93～2.93		2.38～2.78

续表3－3

岩性	密度值变化范围	岩性	密度值变化范围
页岩	2.12	千枚岩	2.59
	1.78～2.47		2.52～2.67
灰岩	2.70	片岩	2.66
	2.52～2.88		2.52～2.80
白云岩	2.77	大理岩	2.78
	2.64～2.87		2.75～2.81

注：表中数据来源于李富、曾琴琴、王永华等：《中国西南地区重磁场特征及地质应用研究》，2016；密度单位为 g/cm³。

表 3－4　四川省南部、西部不同构造区地层岩密度特征简表

宇	界	系	统	代号	义敦优地槽褶皱带	雅江地槽褶皱带	巴颜喀拉褶皱带	攀西裂谷带	盐源坳陷带
显生宇	新生界	第四系		Q	1.28	1.25	1.49	1.31	1.5
		新近系		N (R)	2.32	2.57	2.55	2.07	1.94
		古近系		E (R)	2.65			2.27	2.68
	中生界	白垩系	上统	K_2				2.38	
			下统	K_1				2.35	
		侏罗系	上统	J_3				2.39	
			中统	J_2				2.36	
			下统	J_1				2.56	
		三叠系	上统	T_3	2.67	2.65	2.69	2.61	2.66
			中统	T_2	2.75	2.75	2.70	2.49	2.63
			下统	T_1		2.69	2.74	2.67	2.69
	古生界	二叠系	上统	P_2	2.79	2.74		2.86	2.33
				$P_2\beta$				2.84	2.95
			下统	P_1	2.75	2.94	2.79	2.68	2.67
		石炭系	上统	C_3	2.72	2.77			2.68
			中统	C_2	2.72				
			下统	C_1	2.72	2.87			
		泥盆系	上统	D_3	2.70		2.72		2.58
			中统	D_2	2.71			2.61	2.53
			下统	D_1					
		志留系	上统	S_3	2.78		2.76		2.59
			中统	S_2	2.78		2.72	2.65	2.67
			下统	S_1	2.82	2.80	2.73		2.40

续表 3－4

宇	界	系	统	代号	义敦优地槽褶皱带	雅江地槽褶皱带	巴颜喀拉褶皱带	攀西裂谷带	盐源坳陷带
		奥陶系	上统	O_3	2.72		2.85		
			中统	O_2				2.78	2.67
			下统	O_1	2.69	2.70		2.55	2.49
		寒武系	上统	$\in_3$	2.73		2.67	2.76	
			中统	$\in_2$	2.82			2.61	
			下统	$\in_1$				2.56	2.49
	元古界	震旦系	上统	Z_2	2.72		2.80	2.78	2.64
			下统	Z_1	2.64		2.70	2.72	2.53
		前震旦系 褶皱基底	板溪群	Pt_3					
			会理群、“盐井群”、通木梁群	Pt_2	2.74		通木梁群 2.82；盐井群 2.67	2.48	
	太古界	结晶基底		Pt_1-Ar				2.80	

注：表中数据来源于李富、曾琴琴、王永华等：《中国西南地区重磁场特征及地质应用研究》，2016；密度单位为 g/cm^3。

（二）磁性特征

四川省区域岩石磁性特征的整体规律是，岩浆岩、变质岩、沉积岩三大类岩石中，岩浆岩普遍磁性最强，变质岩磁性极不均匀，沉积岩磁性最弱。在岩浆岩中，二叠纪峨眉山玄武岩具有强磁性，其中基性岩、超基性岩磁性最强，中性岩次之，碱性岩和酸性岩较弱。

据川南滇北 1∶200000 航磁成果，攀西地区航磁异常的总体分布呈现出明显的分带性和方向性，次级构造单元的分界线和主干断裂线一般都表现为线性重力梯度带或磁场交替变异带。总的来说，全区磁场以东西两侧分布平稳的负磁场为背景，中部磁场强，由多条北西、北东向磁异常组成南北向正磁异常区为平面展布特征。

对于木里县梭罗沟而言，位于正的低磁区，虽然宽缓但相对凌乱，说明该区构造比较发育。该区位于松潘—甘孜褶皱系南缘，中生代海相地层厚达十余公里，且有大量的印支—燕山期酸性花岗岩体分布，磁性较弱。但该区又处在木里推覆构造带内，构造复杂，变质岩分布广泛，韧性剪切带和小型断裂带分布广泛。这些构造为金矿的容矿构造提供了有利条件。

表 3－5 为四川省南部、西部不同构造区地层岩石磁性特征简表。

表 3-5　四川省南部、西部不同构造区地层岩石磁性特征简表

岩性		代号	义敦褶皱带		雅江褶皱带		巴颜喀拉褶皱带		攀西裂谷带		盐源坳陷带	
			κ	Jr	κ	Jr	κ	Jr	κ	Jr	κ	Jr
沉积岩	盖层	Q	25.20	1.10	145.10	6.40	35.20	1.70				
沉积岩	盖层	J_2s										
沉积岩	盖层	T_1f							36	5		
沉积岩	盖层	P	19.00	1.00	64.00	10.50	61.70	4.00	518	46	61	6
沉积岩	盖层	∈-R	8.10	1.10	24.70	6.80	490	5.20	35	3	58	6
变质岩	褶皱基底	Z Z_2							46	5	33	4
变质岩	褶皱基底	Z Z_1							333	32	165	8
变质岩	褶皱基底	Pt_2	26.20	6.20					56① 248②	9 256		
变质岩	结晶基底	Pt_1-Ar							487 8~7200	66 1~1800		
岩浆岩	酸性岩	γ	4.20 2.40~24.73	0.84 0.20~1.63	2.20 1.14~7.74	0.53 0.32~0.78	13.12 2.54~369.74	1.95 0.20~4.86	287 17~2650	26 1~200		
岩浆岩	中性岩	δ	19.23 14.65~25.75	0.84 0.51~1.38	29.75 22.00~39.81	5.34 1.02~26.85	67.94 18.55~182.37	4.02 0.36~22.29	2117 400~6400	380 28~2450		
岩浆岩	基性岩	N	71.28 66.33~79.09	3.85 0.35~13.47					2729 40~15000	598 1~5400		
岩浆岩	超基性岩	Σ	5636.00 3335.10~10507.70	2373.00 1227.55~5107.84					4332 350~22300	2046 80~1200		
岩浆岩	碱性岩	ε			43.17 33.71~59.69	3.12 1.29~8.87	176.20 45.86~335.30	230.83 110.30~456.87	904 140~4600	162 12~2500		
岩浆岩	喷出岩 (玄武岩)	$P_2β$							2150 440~7400	486 84~3500		

注：表中数据来源于李富、曾琴琴、王永华等：《中国西南地区重磁场特征及地质应用研究》，2016；磁化率单位为$\times 4\pi\times 10^{-6}$ SI，剩余磁化强度单位为$\times 10^{-3}$ A/m。①除会理群河口组外磁性；②会理群河口组地层磁性。

二、区域重力

四川省横跨2个Ⅰ级构造单元——扬子准地台和松潘—甘孜造山带，两者的重力场特征具有显著差异，布格重力值均呈负值；但扬子准地台布格重力异常值相对较高，松潘—甘孜造山带反之，两者大致以鲜水河断裂南段以及金河—箐河断裂为界，在木里一带呈向南凸出的重力低异常特征。

该重力梯级带在北纬30°附近的康定、泸定、雅安地区分岔呈现三支条带变化：一支呈北西向，由雅安经峨边、马边、盐源延伸进贵州境内；另一支呈北东向，由康定经九龙、木里、宁蒗延伸进滇西地区；再一支呈南北向，由泸定经石棉、西昌、德昌至会理。这三条重力梯级带实质上是雅安—马边—盐津断裂、锦屏山构造带和安宁河断裂带在深部的具体反映。在东经102°附近的金川、乾宁、雅江、稻城以西地区，重力异常值存在由南东向北西逐渐降低的趋势，异常值小于−400 mgal，重力异常等值线展布无明显的优势方向，局部异常较多，反映出该地区地壳厚度的大小且变化较小。

四川省内金河—箐河断裂可视作康滇前陆隆起带与锦屏山前陆推覆造山带的构造分界线，其规模巨大，垂直断距达万米，断层东侧基本保留了南北向构造的轮廓，重力特征显示为串珠状重力高异常，大致呈南北向展布，西侧则表现为东西向、北东向和南北向重力高异常，反映了后期弧形构造的叠加成分；断层还控制了中生代的沉积，但康滇台隆广泛发育的侏罗系、白垩系在金河—箐河断裂西侧基本绝迹。

康滇前陆隆起带与峨眉山断块、筠连—叙永叠加褶皱带大致以大凉山断裂为界，其中康滇前陆隆起带发育巨厚下震旦统中酸性火山岩、角砾岩和火山碎屑岩，大致以安宁河断裂（以西）和金河—箐河断裂（以东）为界，发育规模较大、南北走向的基性—超基性火山岩，这使得康滇前陆隆起带东西两侧重力特征响应不甚相同，其中西侧为串珠状、南北向展布重力异常，而东侧以梯度相对较缓的重力异常为主（图3−7）。

区域上金矿点受构造控制明显，南北向石棉—冕宁一线主要受安宁河断裂、磨盘山断裂等深大断裂所控制，梭罗沟金矿成矿单元属喀喇昆仑—三江（造山带）成矿省、义敦—香格里拉（造山带弧盆系）Au−Ag−Pb−Zn−Cu−Sn−Hg−Sb−W−Be成矿带，甘孜—理塘（洋盆结合带）Au−(CuNi)成矿亚带、甘孜—理塘混杂岩有关的Au成矿区。该成矿区比较著名的金矿床有错阿金矿、嘎拉金矿、色卡金矿、阿加隆洼金矿、雄龙西金矿、日乃金矿及梭罗沟金矿等，都发育在甘孜—理塘构造带内的不同级别和性质的次级断裂带中。

总体来说，区域上东部的重力场特征反映了部分川滇黔菱形块体的重力场特征。西部松潘—甘孜造山带，其东缘大致以鲜水河断裂、金河—箐河断裂为界，以重力低异常为主，主要反映了义敦岛弧、锦屏山推覆造山带碎屑岩等密度特征，全区重力异常最低处为理塘—稻城一线，主要是三叠系中酸性岩体的反应。

利用小波变换可以把重力场分解为不同尺度的成分，从统计意义上看，小波变换以后的重力异常的径向平均对数功率谱可以反映异常场源的平均深度，小波变换的模量与水平一阶导数相同，具有突出地质体边界的作用。有研究认为，一阶小波变换主要反映了上地壳浅层密度不均匀地质的分布情况，与导数图相比，小波变换模量的极值带位置更加接近实际地质体边界。图 3-8 表明，梭罗沟金矿位于正负重力异常之间，反映了所处位置南北两侧地质体密度的差异，局部异常显示可能有次级构造的存在。

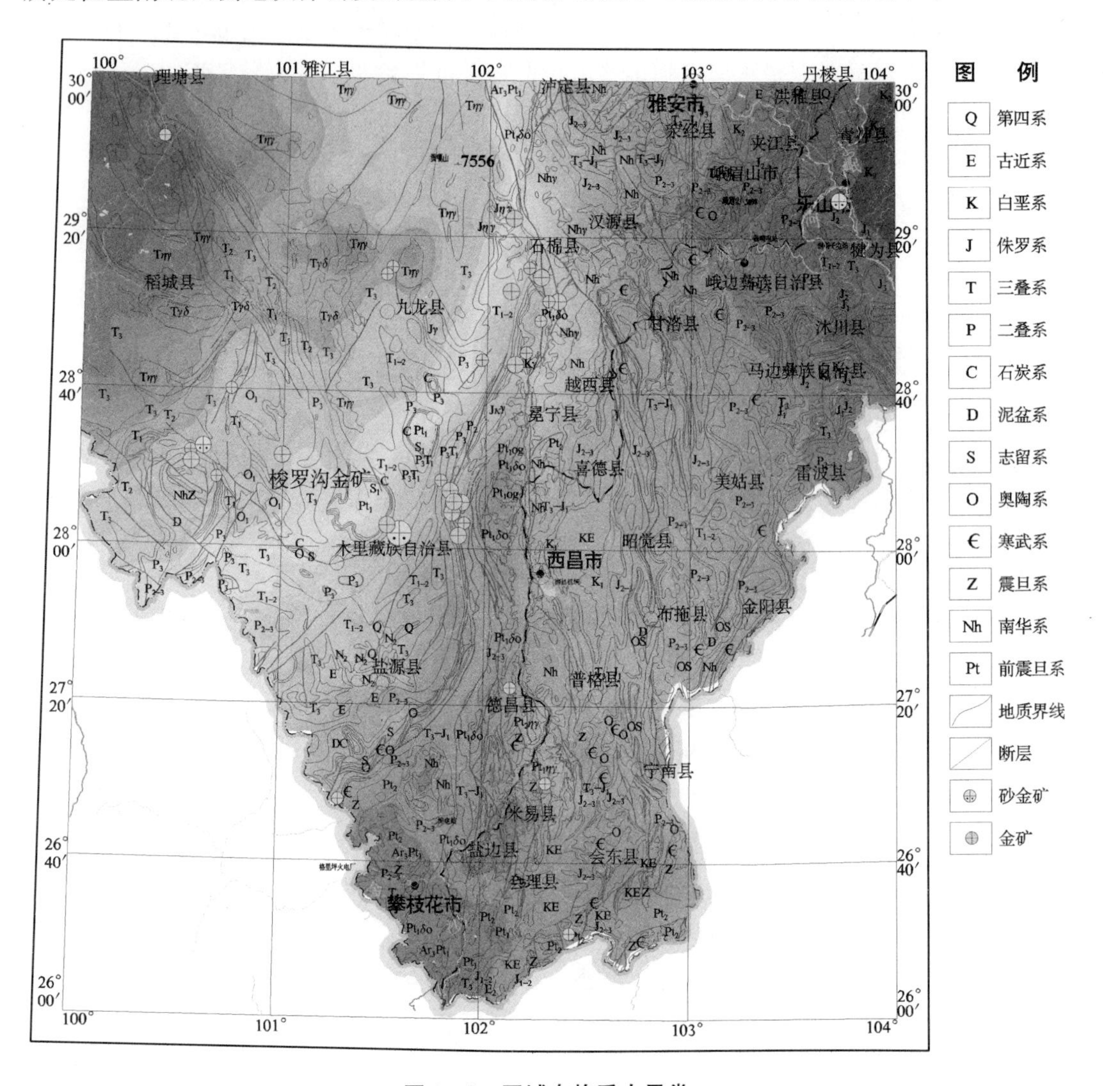

图 3-7　区域布格重力异常

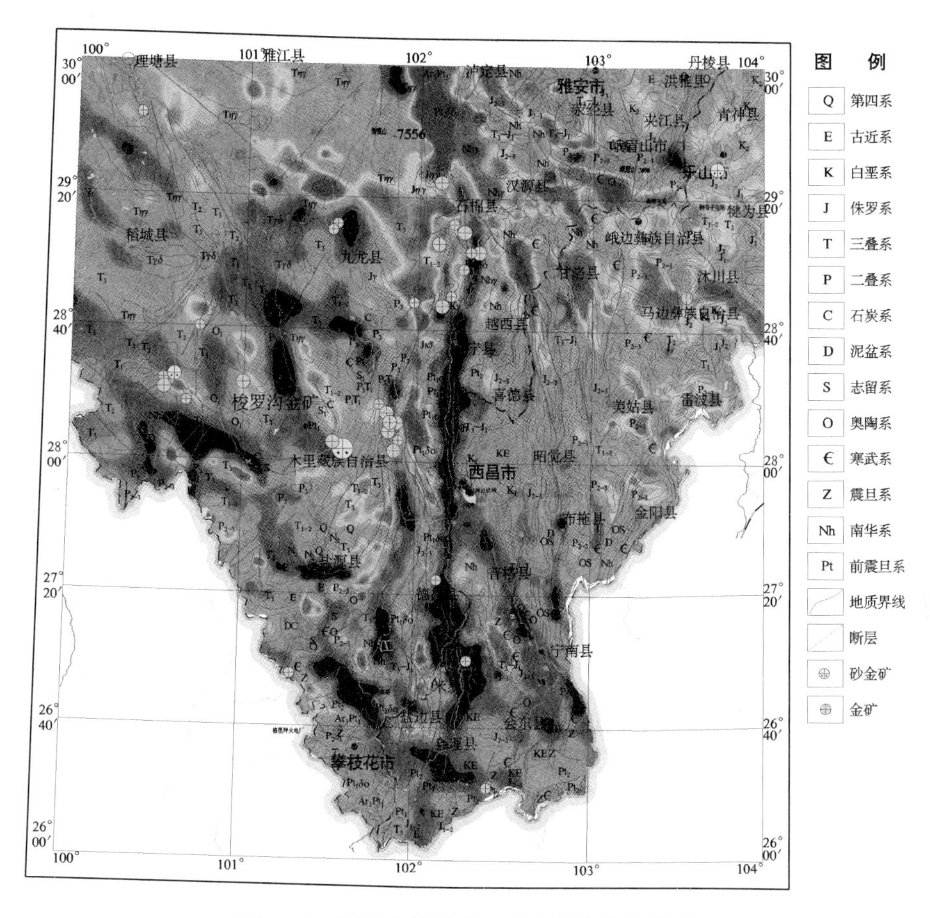

图 3-8　区域布格重力一阶小波变换异常图

据 1∶1000000 布格重力异常平面图，西部盐源、木里地区处于布格重力异常低值区内，最低异常值为-400×10^{-5} m/s^2，重力异常呈有规律的北东方向雁行排列，并且明显地以攀西裂谷带轴部隆起区为界，共同构成“多”字形的异常特征，这是盐源—木里推覆构造带在重力场上的反映。

研究区西部位于布格重力异常低值区内，大约在-300×10^{-5} m/s^{2}等值线附近，该区位于松潘—甘孜褶皱系南缘，中生代海相地层厚达十余公里，且有大量的印支—燕山期酸性花岗岩体分布。重力场反映出该区曾是深坳区，接受了巨厚沉积，地壳厚度大，无高密度体，从而形成布格重力异常低值区。

三、区域航磁

航磁异常（李明雄、武斌、张国华等：《四川西部马尔康—西昌—攀枝花地区采用新方法圈定航磁异常优选富铁矿靶区研究报告》，2007）可分为东西两个分区，大致以安宁河断裂、金河—箐河断裂为界，表明断裂是控制区域航磁场展布的主要因素。局部正磁异常以南北向、北东向、等轴状为主，主要由岩浆岩、老地层和磁性矿产引起。

区域内雅江—木里一线以弱磁异常为主，理塘—木里一线以弱正磁异常为主，南北走向，局部东西走向，异常与区域变质及岩浆岩有关；在更广阔的区域，昌都—兰坪主体为中生代盆地，三叠纪以后由浅海环境逐步向陆相转化，区域内有混杂岩等分布，后期构造复杂，航磁异常反映了岩浆活动基底的特征。泸定至雅江之间，南至九龙一带，航磁异常表现为平静场区特征，异常以负异常为主，梯度较缓，反映了被动陆缘碳酸盐岩、碎屑岩等地层的磁场特征。

梭罗沟金矿位于弱正磁异常区内，航磁异常幅值为 20 nT 左右，以北有北西西向、幅值为 20～40 nT 条带状磁异常，与甘孜—理塘混杂岩有关。梭罗沟金矿附近航磁异常反映了三叠系碳酸盐岩和碎屑岩的磁场特征，反映了深大断裂所引起的岩浆活动展布范围；次生构造反映不明显（图 3－9）。

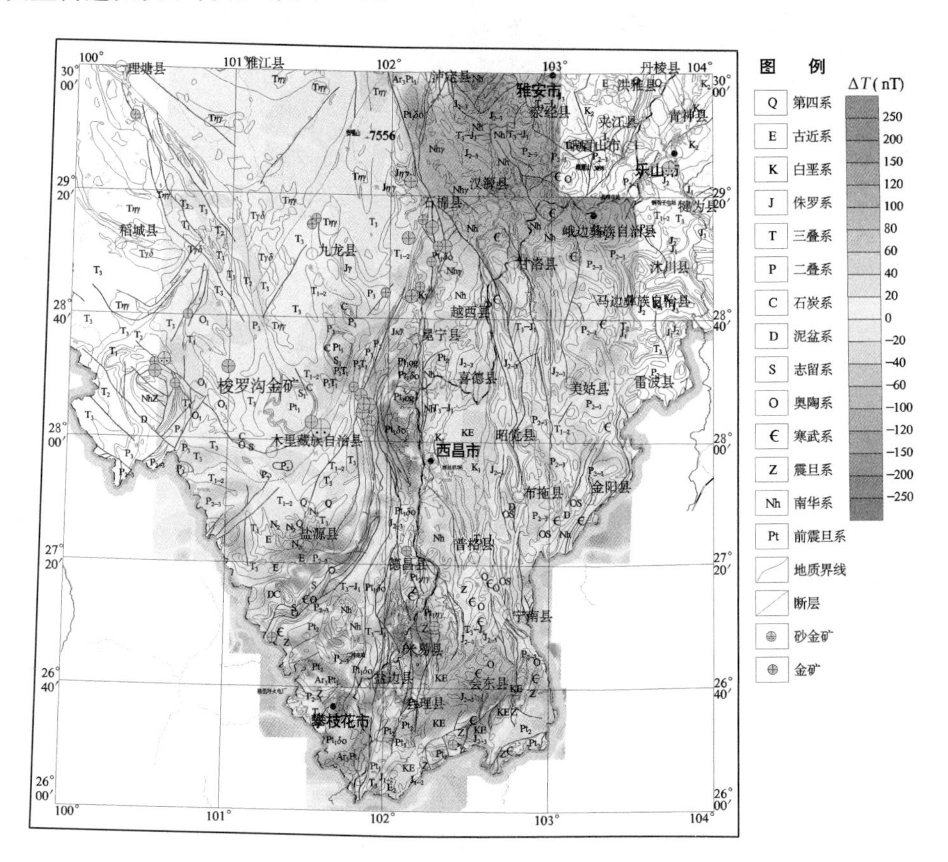

图 3－9　区域航磁（ΔT）异常图

四、区域天然地震

据 1970—2013 年的天然地震数据资料（图 3－10），上扬子菱形地块位于川西南高原和云贵高原，是一个较为活动的地块。目前，地震活动最为频繁的是该地块西角、南角，木里—丽江—大理一带的地震活动次数较多。震级最大的地震为丽江北部于 1996 年 2 月 3 日发生的里氏 6.5 级地震，其中 5～7 级地震发生得较频繁；该段位于扬子板块与三江板块的接触带，由于其形态为三角形，产生的应力较集中，导致地震频繁。南角地震活动主要集中于弥勒—师宗断裂与石棉—小江断裂交会处，震级最大的地震为玉溪南部于1970年1月4日发生的里氏7.8级地震，该地震带位于物探推测的宾川—石屏隐伏断裂，与前面提到的两条断裂进行交会，故产生很强的应力集中；地震活动位于宾川—石屏隐伏断裂东北部，可以推测该断裂是向东北倾向的。从GPS测量成果来看，红河断裂带北段为右旋走滑兼挤压，中段为由右旋走滑兼挤压转换为左旋拉张的转换区，南段为左旋拉张区；川滇地块运动速率为（13.18±2.43）mm/a，运动方向为134.8°，其运动速率比甘肃青海地块、华南地块、印支地块均大很多，说明该菱形地块活动较为强烈。弥勒—师宗—安顺断裂和康定—彝良—安顺断裂周边的地震活动相对较少，且地震级别较低。仅在绥江附近发生较为频繁的地震活动，主要是由于四川盆地的华蓥山—宜宾断裂与康定—彝良—安顺断裂的交会，导致产生的应力集中，最大震级为里氏7.1级；并且在雅安—宜宾断裂带也有小的地震活动，与物探推测的隐伏断裂相符。

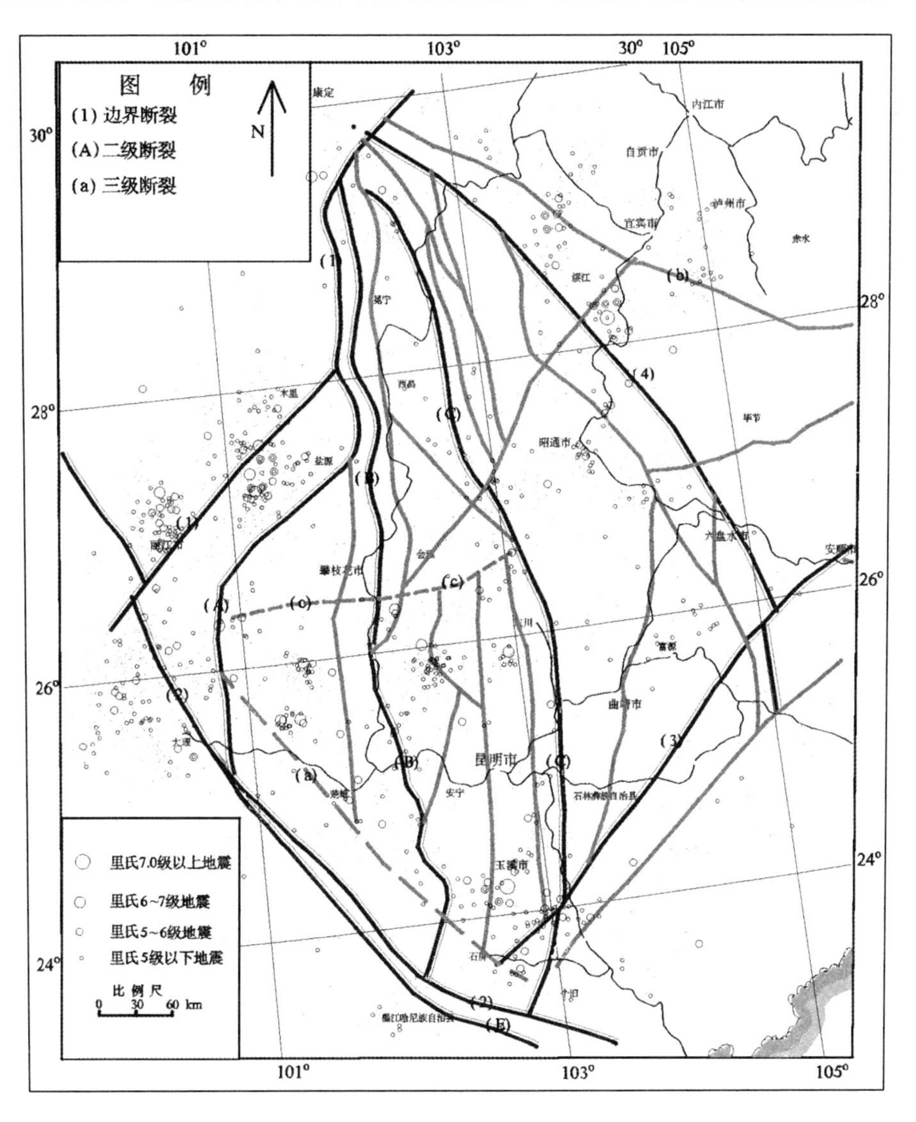

图3－10　上扬子西缘菱形地块地震震中与重磁推断地质构造图

深反射地震资料显示，该菱形地块地壳分为三层以上的多层结构，东、西两侧菱形地块的地壳结构有明显差异，箐河—程海断裂（A）以西的上地壳速度为 5.6～5.7 km/s，箐河—程海断裂与安宁河—绿汁江断裂间的上地壳速度为 5.8～5.9 km/s，绿汁江断裂带以东上地壳速度为 6.0～6.1 km/s。

五、攀西裂谷带地震勘探

1984 年，地质矿产部五六二综合大队在攀西地区以西昌为中心布置了十字地震测深剖面。该十字地震测深剖面由平行于南北构造带走向的长河坝—西昌—拉鲊剖面（YC 测线长 424 km）和斜穿构造带的丽江—盐源—西昌—新市镇剖面（LX 测线长 407 km）组成。大队研究了川滇构造带北段的地壳结构和速度分布特征，并根据计算结果及主要深大断裂带在地表出露的位置，推断并建立了本区的地壳结构剖面（图 3－11、图 3－12）。

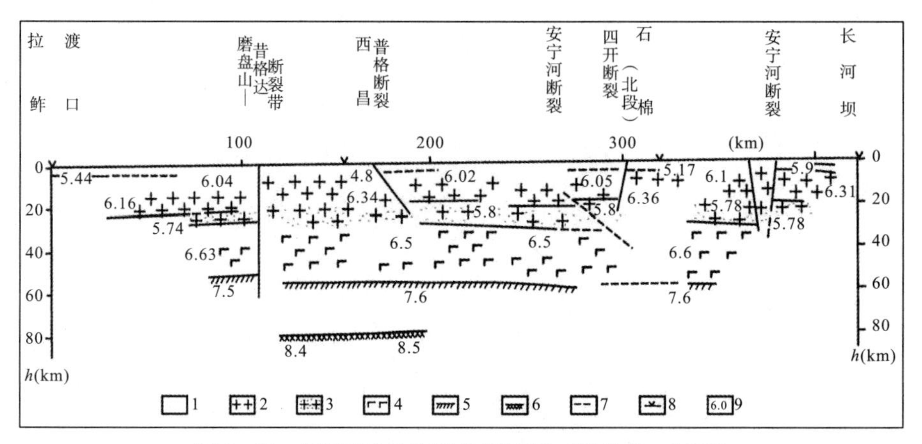

图 3－11 YC 测线地壳结构断面图（崔作舟，1987）

1－表层；2－花岗岩质层；3－低速层；4－玄武岩质层；5－壳幔过渡层；6－上地幔；7－断裂；8－炮点；9－层速度（层速度单位为 km/s）

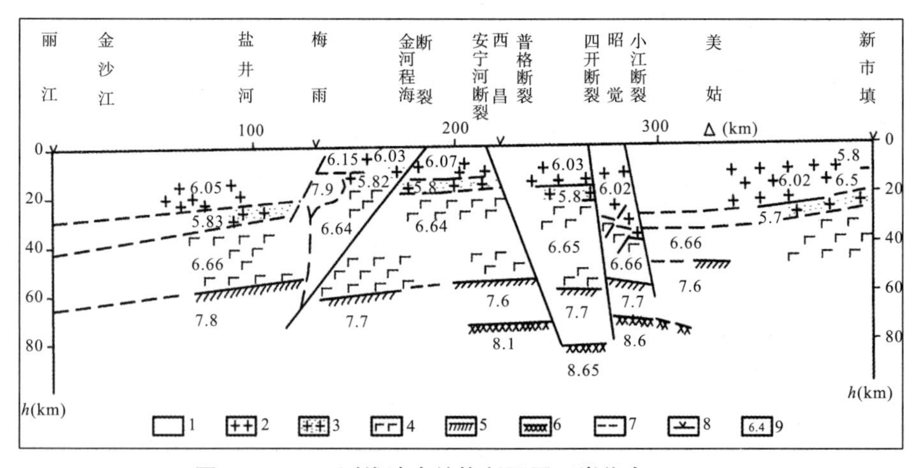

图 3－12 LX 测线地壳结构断面图（崔作舟，1987）

1－表层；2－花岗岩质层；3－低速层；4－玄武岩质层；5－壳幔过渡层；6－上地幔；7－断裂；8－炮点；9－层速度（层速度单位为 km/s）

（一）地壳和上地幔的主要结构特征.

本区地壳在垂向上具有层状结构，在横向上为断块结构。

（二）上地壳的特征

上地壳自上而下包括沉积盖层、结晶基底、花岗岩或混合岩层和低速层。沉积盖层在横向上速度变化极大，为 4.7～5.9 km/s，表明组成该层的岩石类型极其复杂；厚度变化也极大，一般为 1～3 km，这点已为有关地表地质资料所证实。结晶基底成分极不相同，变质程度也差异甚大，与花岗岩层几乎没有稳定的界面，在震相上要区别它们困难很大。有些地区的麻粒岩类、闪岩类、花岗岩或混合岩均已出露地表，在横向上，上地壳的厚度也极不一致。

（三）下地壳的特征

下地壳与上地壳明显的不同点在于无论在垂向上还是横向上，其速度变化都较小，一般为 6.5～6.6 km/s。这表明它的组成物质比较均一，可能由玄武岩质岩石、辉长岩和麻粒岩组成。

（四）上地壳低速层的特征

上地壳的底部存在一个低速层，层速度为 5.7～5.8 km/s，厚度为 5～12 km。低速层在构造带内广泛分布的事实，已在地矿部物化探研究所做的大地电磁研究工作中得到了证实。低速层同时也是低阻层，有研究人员认为，它可能与岩石的孔隙含水有关。也有研究人员认为，低速层内的物质可能处于局部熔融状态。

（五）莫霍面的特征

本区的莫霍面不是一个连续的界面，而是被几条壳—幔型断裂切割成断续的带有倾角的界面。地壳的平均速度为 6.18～6.34 km/s，这表明不同断块的物质组成是不均匀的。总的来看，本区莫霍面北深南浅，略向北倾，由东向西变深。在南北构造带的轴部，莫霍面局部上隆 2～4 km。

（六）壳—幔过渡带的特征

在莫霍面之下，有一厚度为 21～23 km 的高速层，震相测得的速度为 7.5～7.6 km/s，这既不是通常的下地壳速度，也不是正常的上地幔顶部速度，而是介于两者之间，估计是由壳—幔物质混合组成的层，称为壳—幔过渡带。程远志等人（2015）对穿过兰坪—思茅地块、川滇菱形地块及进入扬子地体的兰坪—贵阳大地电磁测深剖面展开了深部电性结构研究。通过二维非线性共轭梯度反演得到了沿剖面的较为详细的地壳上地幔电性结构，结合其他地质和地球物理资料的分析，确定了主要断裂带和边界带的位置和深部延伸情况，以及壳内高导层的分布位置。研究表明：剖面壳—幔电性结构分块性特征与区域地质构造分布特征基本一致，兰坪—思茅地块存在中上地壳高导层，川滇菱形地块中西部存在下地壳高导层，川滇菱形地块东部和华南地块西部存在中上地壳高导层，川滇菱形地块中部攀枝花附近的高导层埋深最深，而华南地块西部会泽附近的高导层埋深最浅，兰坪—思茅地块和川滇菱形地块中下地壳的高导层可能与青藏高原物质的东南逃逸有关（图 3−13）。

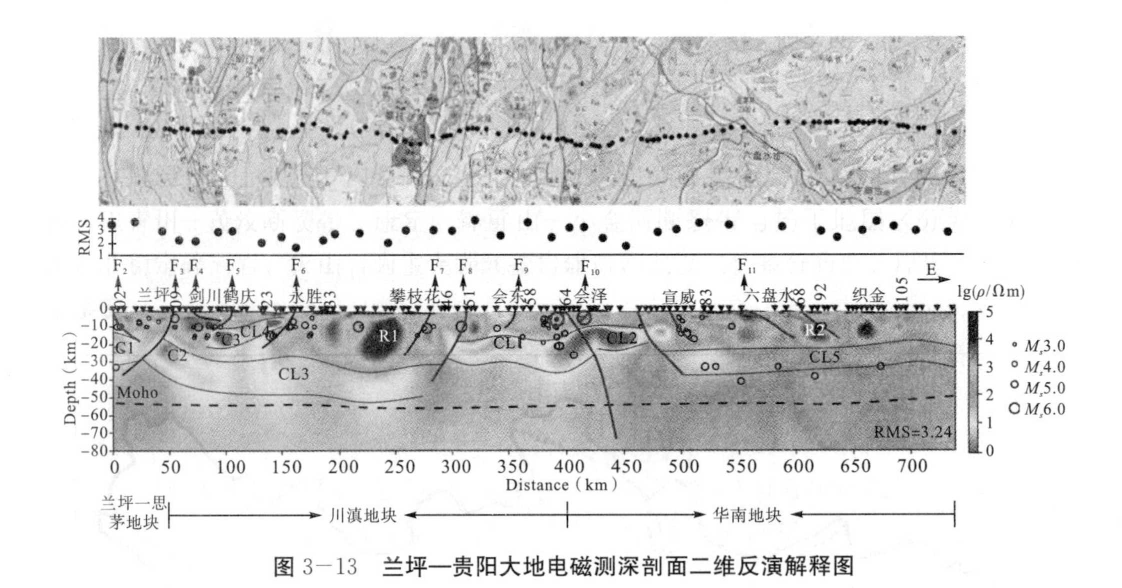

图 3—13 兰坪—贵阳大地电磁测深剖面二维反演解释图

六、盐源盆地电性结构

川滇块体是位于鲜水河断裂与红河断裂之间的最大挤出块体，最大挤出量为 340 km，盐源盆地就处于这样一个关键地区，夹持于丽江—小金河断裂和金河—箐河断裂之间，是探索青藏高原新生代挤出作用的窗口之一。丽江—小金河断裂是滇西北高原上的一条北东向活动构造带，它从西南始于剑川，向东北经丽江、宁蒗、盐源、木里后，在石棉一带与安宁河断裂相交汇。断裂总体走向为 N40°，全长为 360 km。该断裂斜切川滇菱形地块，是龙门山—锦屏山—玉龙雪山中新生代推覆构造带的西南一段。金河—箐河断裂以东历来被认为是康滇地轴的西缘，古生代以来有着相当长的隆起历史。地层发育不全，除早寒武世、中晚泥盆世和早二迭世沿地轴西南和西部边缘有不深的沉积厚度外，其他时代地层基本缺失。然而，一条断裂之隔，其西从早寒武世到早二迭世除个别统缺失外，基本是一套连续的海相沉积。地层层序全，厚度大，反映了古生代以来持续沉降的大地构造环境。盐源推覆体主推覆面金河—箐河断裂，是喜马拉雅期造山运动时形成的。

葛肖虹（1984）认为，川西地区著名的盐源弧形构造实为发生于喜马拉雅期、规模巨大的推覆构造，历来被认为是康滇地轴西缘边界深断裂的金河—箐河断裂，实为盐源推覆构造的前锋断裂。

刘家铎等（1995）认为，金河—箐河深断裂为长期活动的地壳深断裂，经历长期的发展过程，控制着盐源盆地的形成演化。盐源盆地的形成是川滇块体向南东涡旋状挤出过程中挤出的构造逸出盆地，是木里和盐源弧形构造向南东构造逸出的产物，挤出作用使该区由原来的挤压状态下的逆冲系统转变为引张状态下的向南东的构造逃逸系统。宋谢炎等（2002）以金河—箐河断裂为界，玄武岩喷发环境为海相（西部），海陆交互相玄武岩则在盐源—丽江岩区东部靠近滇古陆地区。向宏发等（2002）认为，斜切中国西南川滇菱形地块的横向构造——丽江—小金河断裂为一断面高角度倾向北西的逆左旋走滑型活动断裂。分析盐源盆地始新统丽江组红色砂岩的沉积特征，认为其为风成沙丘沉积。李金锁等（2013）认为，盐源盆地不仅发育有石膏夹层，而且保存有石盐层及含盐卤水层，但有盐无钾。李英娇等（2014）对盐源地区晚三叠世煤系进行了沉积相和层序地层分析，提出了盐源地区晚三叠世成煤模式，并建立了层序地层格架。朱民等（2016）通过碎屑岩锆石测年，确定了早三叠世盐源盆地青天堡组物源为其东侧的峨眉山大火成岩省，扬子西部三江造山带可能并没有为盐源盆地提供物源，上扬子西南边缘地区早三叠世时期仍然为被动大陆边缘沉积。张海等（2017）利用锆石 U－Pb 测年对盐源地区西范坪斑岩铜矿的成矿斑岩体进行了时代厘定，对成矿岩体的岩石成因及大地构造背景进行了分析讨论。

盐源盆地深部探测成果方面，王桥等（2016）在格萨拉一带开展了大地电磁测深工作，认为金河—箐河断裂主要是由一系列北西倾向的断裂组成的，如图 3－14 中①所示。

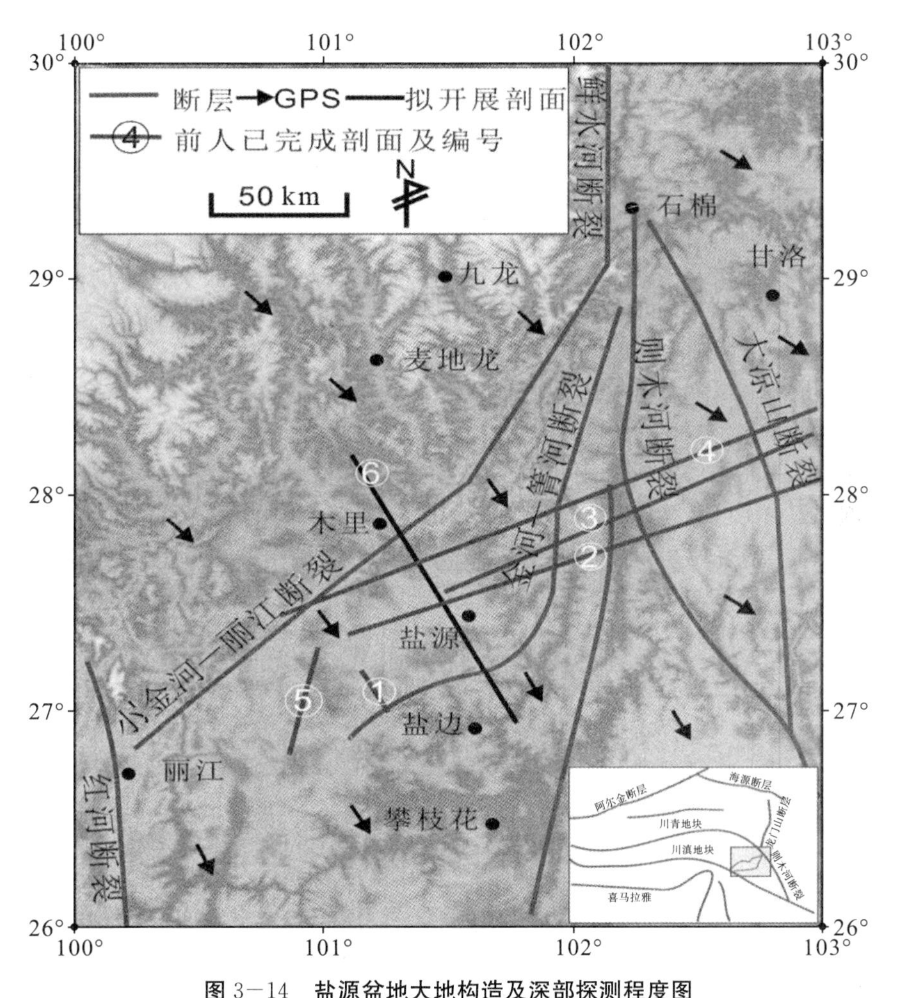

图 3－14　盐源盆地大地构造及深部探测程度图

①－格萨拉一带大地电磁测深剖面；②－盐源—马边地震剖面；③－盐源—永善大地电磁测深剖面；④－宁蒗—泸州大地电磁测深剖面；⑤－睦科—阴河地震剖面；⑥－由成都地质调查中心所控基金开展的大地电磁测深剖面

王夫运等（2008）通过高分辨率地震剖面（图 3－14 中②剖面）给出了盐源推覆构

造是由表层低速推覆体向西缓倾的构造拆离面和深部高速基底构成的薄皮构造的结论，金河—箐河断裂是其推覆前缘。杨卓欣等（2011）通过重新处理地震剖面（图 3－14 中②剖面）推测盐源盆地盖层表现为推覆逆冲变形，基底为康滇地轴的基底，表现为刚性。Zhang 等（2015）通过大地电磁测深剖面（图 3－14 中③剖面）给出了盐源地区中上地壳的电性结构，上部为高阻块体，下部为低阻块体。李立等（1987）利用大地电磁测深剖面（图 3－14 中④剖面）推测在盐源地区地下 10～20 km 范围内存在低阻块体，应力场的作用将使地壳的断块沿壳内低阻层滑动，产生一系列逆掩推覆构造。孔祥儒等（1987）在丽江—华坪一带开展大地电磁工作，同样发现了壳内低阻层。中石化（2012）在睦科—阴河一带利用油气地震剖面（图 3－14 中⑤剖面）精确厘定了这一带的沉积地层分层情况。

在以往研究的基础上，为了精细刻画盐源地区的地壳结构特征，进一步厘清研究区壳内低阻层的结构特征、金河—箐河断裂与丽江—小金河断裂的深部结构属性、各地块的深部接触关系等制约盐源盆地成因机制的关键地质问题，中国地质调查局成都地质调查中心利用所控基金开展了横跨盐源地区的大地电磁测深工作，以大地电磁测深剖面揭示其深部精细结构特征（图 3－14 中⑥剖面）。

通过此次调查研究，中国地质调查局成都地质调查中心获得了盐源盆地中上地壳电性结构模型（图 3－15），初步查明了扬子地块与松潘—甘孜地块的界线（康滇古陆西北边界）及金河—箐河断裂的深部延展结构。

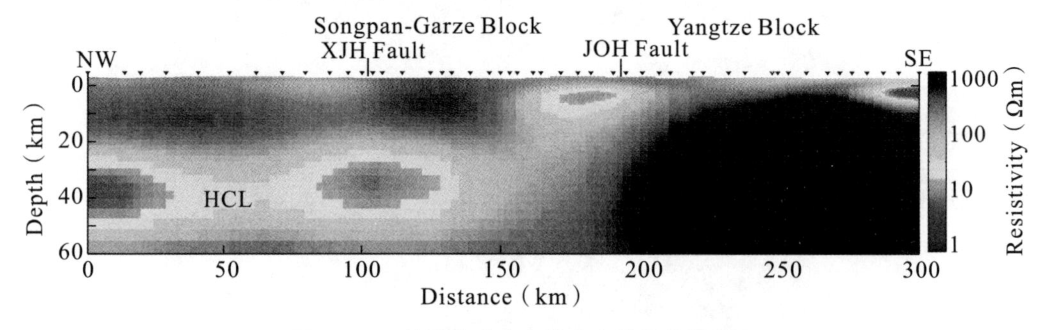

图 3－15　盐源盆地中上地壳电性结构模型图

第三节　区域金矿

甘孜—理塘构造带夹持于中咱—义敦地块和松潘—甘孜褶皱带之间，呈近北北西向展布，是三江地区重要的金成矿带。甘孜—理塘金矿带北段分布有嘎拉、尼多中型金矿床及色卡、尼亚达柯等金矿点，中段产出雄龙西中型金矿床、阿加隆洼及武隆洼小型金矿床，南段产出梭罗沟大型金矿床（图 3－16）。

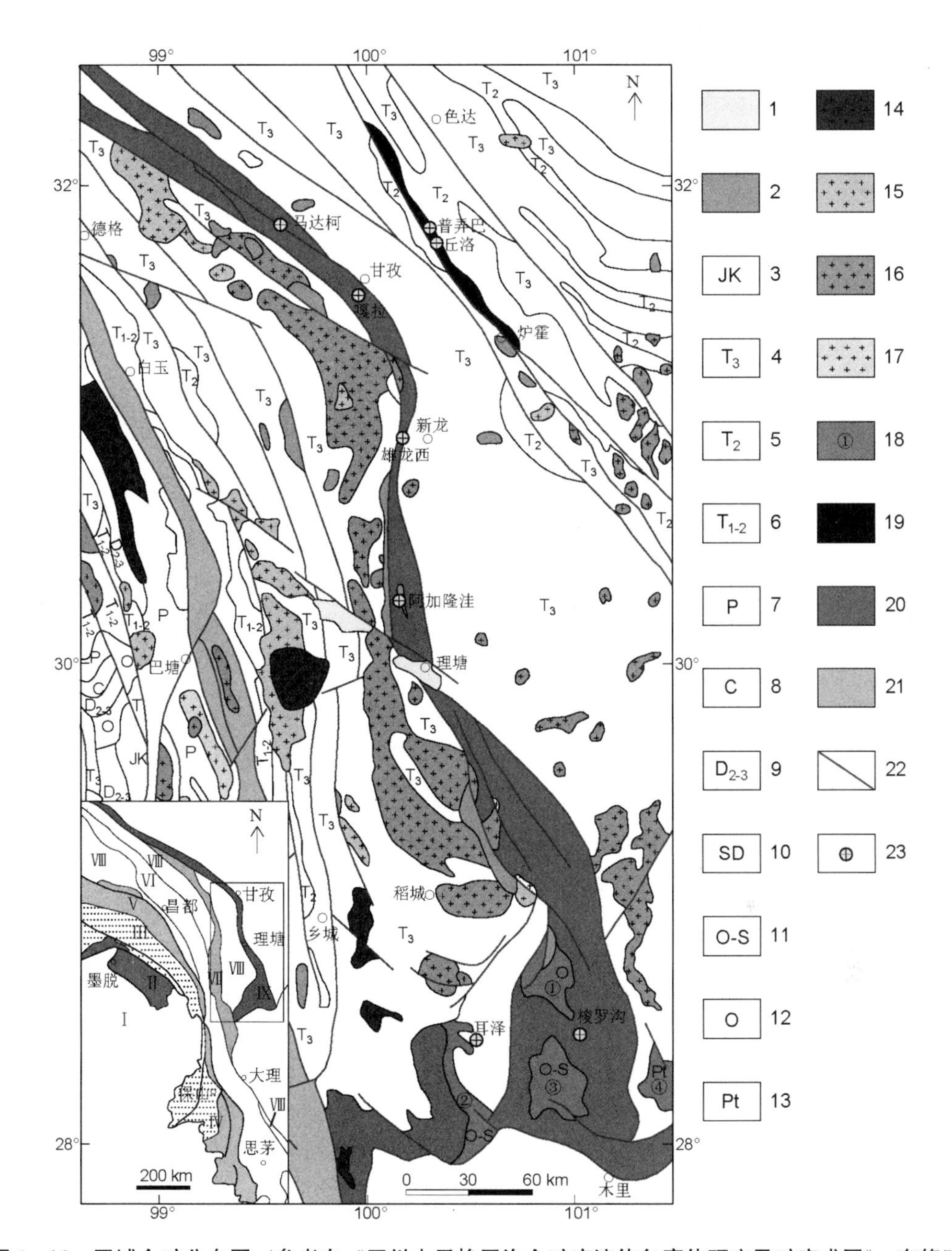

图 3—16 区域金矿分布图（参考自《四川木里梭罗沟金矿床流体包裹体研究及矿床成因》，有修改）

1—第四系；2—古近系—新近系砂砾岩；3—侏罗系—白垩系紫红色砂岩、泥岩、砾岩；4—上三叠统碎屑岩夹火山岩、碳酸盐岩；5—中三叠统细碎屑岩夹碳酸盐岩；6—下—中三叠统细碎屑岩、砂岩；7—二叠系砂岩、灰岩、中基性火山岩；8—石炭系灰岩、白云岩；9—中—上泥盆统灰岩、白云岩、砂页岩；10—志留系—泥盆系页岩、灰岩、白云岩夹火山岩；11—奥陶系—志留系灰岩、白云岩、粉砂岩、板岩、千枚岩；12—奥陶系灰岩、白云岩、粉砂岩、板岩；13—元古界变质岩；14—喜马拉雅期花岗岩；15—燕山期花岗岩；16—印支期花岗岩；17—华力西期花岗岩；18—构造穹隆及编号；19—炉霍—道孚缝合带；20—甘孜—理塘构造带；21—金沙江—哀牢山缝合带；22—断裂；23—金矿床

甘孜—理塘构造带出露是由超基性岩、层状辉长岩、辉绿岩墙、玄武岩、硅质岩和

深水浊积岩组成的蛇绿混杂岩，以及西部岛弧环境的晚三叠世火山—沉积岩和代表东部被动陆缘环境的晚三叠世复理石沉积，反映了古特提斯洋俯冲消减及扬子陆块与义敦岛弧拼接的构造活动。燕山晚期以来，地壳进一步压缩加厚导致陆壳重熔，引起中酸性岩浆侵入，新生代喜马拉雅期印度板块与欧亚板块碰撞，进一步改造了区内构造。

甘孜—理塘金矿带内的金矿主要形成于蛇绿岩群中，受韧性剪切带或构造破碎带控制，以微细浸染状黄铁矿化、毒砂化（辉锑矿化）糜棱岩型和碎裂岩型矿石为主。

矿带北段嘎拉金矿、马达柯金矿属构造蚀变岩型金矿，在空间上与北西向逆冲推覆构造和平移走滑断裂有密切关系，北西向复合剪切带是断裂带的主干断裂，具有平行展布和多期活动的特点，新生代以来的平移走滑与逆冲推覆复合叠加，是主要的导矿构造。其中嘎拉金矿受北西向、北北西向韧脆性剪切带控制，容矿岩石为强烈蚀变的玄武质千靡岩；马达柯金矿控矿断层为北西向左行走滑剪切带与北北西向左行平移脆韧性剪切带交切的构造，产于蛇绿岩群瓦能组变基性火山岩边部的剪切变质带中。

金矿带南段的木里耳泽金矿，属于地下热（卤）水溶滤型金矿，构造部位处于优地槽褶皱带内，成矿围岩为大理岩夹基性凝灰岩，矿石建造为金—硫化物—菱铁矿型、金—褐铁矿型（《四川省区域矿产总结》第 4 册）。

梭罗沟金矿的成因，一种认为是韧性剪切带型（造山带型）金矿床，成矿物质主要来源于韧性剪切作用使沉积地层变质脱水，并从围岩中萃取 Au、As、Sb 等成矿物质形成含矿流体，在动力、热力和韧性剪切构造作用下活化、迁移富集成矿（王兆成等，2012）；另一种认为梭罗沟金矿为浅层低温热液型矿床，早期中基性火山岩的形成为金矿奠定了物质基础，主成矿期受断裂作用的影响一方面使早期初始富集的金活化迁移，另一方面又使地壳深处的含金热液向浅部运移，在断裂带内沉淀形成矿体。有学者研究认为，梭罗沟金矿早阶段发育 CO_2-H_2O 型包裹体和水溶液包裹体，未见高盐度含子晶包裹体，成矿流体具有造山型金矿特征，成矿早阶段深度为 10～11 km，深度明显大于浅层低温热液型金矿和岩浆热液型金矿，矿床黄铁矿、毒砂的硫同位素值与大部分造山型金矿硫化物的硫同位素近似，属于断裂控制造山型金矿（杨永飞，2019）。

第四章　研究区地质特征

第一节　研究区地质

一、地层

研究区地层按《四川省区域地层志》《四川省岩石地层清理》提出的相关标准进行划分，属四川西部区义敦—稻城分区的木里—稻城小区，出露三叠系上统曲嘎寺组及第四系（表4−1）。

表4−1　研究区地层一览表

<table>
<tr><th colspan="4">地层</th><th rowspan="2">岩性</th><th rowspan="2">厚度（m）</th><th rowspan="2">备注</th></tr>
<tr><th>统</th><th>组</th><th>段</th><th>亚段</th></tr>
<tr><td rowspan="10">三叠系上统（T_3）</td><td rowspan="10">曲嘎寺组（T_3q）</td><td rowspan="5">曲嘎寺组三段基性火山岩段（T_3q^3）</td><td>T_3q^{3-5}</td><td>灰绿色块状玄武岩</td><td>46.9</td><td></td></tr>
<tr><td>T_3q^{3-4}</td><td>下部基性凝灰岩、基性凝灰角砾岩，中部沉凝灰岩、变质砂岩、板岩、透镜状生物碎屑灰岩，上部基性凝灰岩，三者往往构成韵律</td><td>135</td><td></td></tr>
<tr><td>T_3q^{3-3}</td><td>灰绿色块状玄武岩、球粒（杏仁）玄武岩，局部橄榄玄武岩</td><td>85.7</td><td></td></tr>
<tr><td>T_3q^{3-2}</td><td>受构造应力作用常变为绿泥次闪石片岩、绿泥绢云千枚岩</td><td>37.11</td><td></td></tr>
<tr><td>T_3q^{3-1}</td><td>碳酸盐化、绢云母化、钠长石化、黄铁矿化、毒砂矿化的蚀变基性凝灰岩和基性凝灰角砾岩、蚀变中基性火山岩</td><td>>28.5</td><td>主要赋矿层位，与下 T_3q^{2-4} 呈断层接触</td></tr>
<tr><td rowspan="4">曲嘎寺组二段碎屑岩段（T_3q^2）</td><td>T_3q^{2-4}</td><td>灰至深灰色砂质板岩，板岩夹变质细粒岩屑石英砂岩，局部为绿黄色凝灰质板岩</td><td>>31.3</td><td>断层接触</td></tr>
<tr><td>T_3q^{2-3}</td><td>青灰色变质中细粒岩屑石英砂岩夹砂质板岩、板岩</td><td>114.5</td><td></td></tr>
<tr><td>T_3q^{2-2}</td><td>下部绢云母板岩夹变质中细粒岩屑石英砂岩；中部变质细粒岩屑石英砂岩、变质细粒岩屑砂岩夹板岩；上部凝灰质板岩绢云母板岩夹变质砂岩</td><td>216</td><td></td></tr>
<tr><td>T_3q^{2-1}</td><td>风化面紫红色，新鲜面紫灰色变质细粒岩屑石英砂岩夹青灰色变质岩屑石英砂岩、板岩</td><td>195</td><td></td></tr>
<tr><td>曲嘎寺组一段灰岩段（T_3q^1）</td><td></td><td>灰白色中厚层状至厚块状微晶灰岩、微晶灰岩夹白云质结晶灰岩、白云岩，局部为灰岩与白云岩不等厚互层</td><td>未见底</td><td></td></tr>
</table>

以下对研究区三叠系（T）地层进行简要描述。

研究区地层出露不全，仅有三叠系上统曲嘎寺组，进一步的研究区地层细化则视组段内的特征厘定。受第四系掩盖影响，其形态往往呈孤岛状、团块状或窄条状。

根据岩性、岩性组合及沉积建造特点，研究区三叠系上统曲嘎寺组分为三段，由下至上依次为灰岩段（T_3q^1）、碎屑岩段（T_3q^2）、基性火山岩段（T_3q^3）。进一步把碎屑岩段（T_3q^2）划为四个亚段，基性火山岩段（T_3q^3）划为五个亚段。现由新到老叙述如下：

（一）曲嘎寺组三段（T_3q^3）

1. 第五亚段（T_3q^{3-5}）

该段为灰绿色块状玄武岩，厚度为 46.9 m。

2. 第四亚段（T_3q^{3-4}）

该段下部为基性凝灰岩、基性凝灰角砾岩，中部为沉凝灰岩、变质砂岩、板岩、透镜状生物碎屑灰岩，上部为基性凝灰岩，三者往往构成韵律。该段厚度为 135 m。

3. 第三亚段（T_3q^{3-3}）

该段为灰绿色块状玄武岩、球粒（杏仁）玄武岩，局部为橄榄玄武岩，厚度为 85.7 m。

4. 第二亚段（T_3q^{3-2}）

该段为基性凝灰岩，分布于（T_3q^{3-1}）过渡地带者，因受构造应力作用常变为绿泥次闪石片岩、绿泥绢云千枚岩，厚度为 37.11 m。

5. 第一亚段（T_3q^{3-1}）

该段为碳酸盐化、绢云母化、钠长石化、黄铁矿化、毒砂矿化的蚀变基性凝灰岩和基性凝灰角砾岩、蚀变中基性火山岩。外观因褐铁矿化呈浅黄色、褐黄色，新鲜面为灰色、浅灰白色、浅灰绿色，梭罗沟以东厚度增大。为研究区矿化蚀变带和含矿层，矿体主要赋存于本段地层，与下伏地层（T_3q^{2-4}）断层接触，厚度大于 28.5 m。

（二）曲嘎寺组二段（T_3q^2）

1. 第四亚段（T_3q^{2-4}）

该段为灰至深灰色砂质板岩，板岩夹变质细粒岩屑石英砂岩，局部为绿黄色凝灰质板岩，与（T_3q^{2-3}）接触地带片理化发育，厚度大于 31.3 m。

2. 第三亚段（T_3q^{2-3}）

该段为青灰色变质中细粒岩屑石英砂岩夹砂质板岩、板岩，厚度为 114.5 m。

3. 第二亚段（T_3q^{2-2}）

该段下部为绢云母板岩夹变质中细粒岩屑石英砂岩；中部为变质细粒岩屑石英砂岩、变质细粒岩屑砂岩夹板岩；上部为凝灰质板岩绢云母板岩夹变质砂岩；与（T_3q^{2-1}）接触处为薄至中层状砂屑灰岩，厚度为 216 m。

4. 第一亚段（T_3q^{2-1}）

该段为风化面紫红色、新鲜面紫灰色变质细粒岩屑石英砂岩夹青灰色变质岩屑石英砂岩、板岩，厚度为 195 m。

（三）曲嘎寺组一段（T_3q^1）

该段为灰白色中厚层状至厚块状微晶灰岩、微晶灰岩夹白云质结晶灰岩、白云岩，局部为灰岩与白云岩不等厚互层，未见底。

二、构造

研究区大规模褶皱不太发育，地层总体为向南或南南东倾斜的单斜构造；断层构造较为复杂，以近东西向、近南北向、北西向、北东向四组断裂组成基本构造格架。其中近东西向断裂（F1）是研究区内集控矿、导矿、容矿于一体的主干断裂，具有多期活动的连续性和继承性的复合特点。各方向的断裂构造特征及其与成矿的关系如下所述。

（一）近东西向断裂（F1）

该断裂发育于上三叠统曲嘎寺组碎屑岩段与中基性火山岩段之间，由西向东横贯整个研究区，长度大于 3.5 km。断面产状：在研究区西部倾向 10°～15°，倾角为 75°左右；在研究区中部以倾向北为主，倾角为 72°左右；在研究区东部倾向 320°～340°，倾角为 48°～70°。总体展布呈向南弯凸的近东西向，由于受后期断裂构造破坏，在研究区内被切割错位成四段。

F1 断层属张性断裂，形成后继续活动，再沿 F1 形成一个宽为 20～100 m，向北陡倾的挤压—剪切、脆—韧性的构造蚀变岩带。最后的成矿构造运动使成矿热液沿早期形成的片理与劈理裂隙、次生的张裂隙充填（交代）成矿。

（二）其他断裂

目前已有资料表明，研究区除 F1 外，其他具有一定规模的断层主要为南北向断层，包括 F2、F5、F6。

F2 位于研究区西侧 1 号矿体以西，将 1 号矿体西侧错断，产状为倾向 300°、倾角 45°（局部），基本确定为右行走滑断层，平面断距约为 200 m；F5 位于研究区东部 15 号矿体西侧，产状为倾向 105°～120°、倾角 74°～80°，局部波状弯曲，为左行压扭性断层，将东盘矿带向北错移约 300 m；F6 位于研究区东侧 15 号矿体以东，产状为倾向 80°～100°、倾角 68°～82°，总体走向近南北向，倾角近于直立，局部波状弯曲，为左行压扭性断层，将东盘矿带向北错移约 900 m。

其他近南北向、北西向断层规模较小，与北东向断层同为研究区成矿后的破矿构造，在成矿后活动比较明显。它们均切错了近东西向展布的矿化蚀变带或矿体，致使近东西向的矿化蚀变带被切割成互不直接相连的四段。

三、岩浆岩

研究区岩浆岩分为（中）基性火山岩、辉绿岩、煌斑岩脉岩三大类。广泛出露的基性火山岩包括橄榄（金云母）玄武岩、玄武岩、玄武质岩屑凝灰岩、中基性晶屑凝灰岩、基性凝灰火山角砾岩等，集中分布于曲嘎寺组三段（T_3q^3）；辉绿岩侵入（T_3q^2）

上部和（T_3q^3）内，与基性火山岩在空间上紧密相伴，时间上紧密相随；煌斑岩脉则穿切辉绿岩、基性火山岩，具有显著的后期特点。

（一）辉绿岩

辉绿岩较集中分布于如米沟之东的山梁一带。形态呈岩株，侵入曲嘎寺组碎屑岩段（T_3q^2）和基性火山岩段（T_3q^3）中。接触变质不明显，偶有角岩化。岩石呈灰绿色，块状，具变余辉绿结构或辉绿结构。

（二）煌斑岩

此类岩石呈脉状侵入15号矿体及外缘地层中，见有三条。脉体长数十米至一百余米不等，宽30～80 cm，脉壁平直，总体产状为倾向350°、倾角65°左右。岩石呈灰黑色，具变余斑状结构，基质具玻晶交织结构。

四、变质岩

区域变质作用属区域动力变质，为变质中基性火山岩、变质砂板岩及结晶灰岩组成的浅变质岩系，属低绿片岩相的绢云母—绿泥石带。

第二节　矿体地质特征

梭罗沟金矿属热液型金矿床，产于上三叠统曲嘎寺组一套基性火山岩系，岩性为碳酸盐化、绢云母化、钠长石化、黄铁矿化、毒砂矿化的蚀变基性凝灰岩和基性凝灰角砾岩、蚀变中基性火山岩。受近东西向展布的F1构造破碎带控制，属浅成、中低温热液金矿床。矿体规模大，形态较简单，矿石为含砷、硫等的可选冶金矿石。

研究区共圈定7个矿体，分别编号为：1号、5号、10号、10－2号、10－4号、12号及15号矿体，其中10号、15号为主矿体。现择10号、15号矿体，对其特征进行描述（其他矿体特征见表4－2）。

表 4-2　梭罗沟金矿床矿体基本特征一览表

矿体编号	长度（m）	平均厚度（m）	平均品位（$\times10^{-6}$）	厚度变化系数（%）	品位变化系数（%）	控制矿体最大斜深（m）	形态	产状	平面分布勘探线范围	剖面海拔标高（m）	赋矿岩石
1	360	10.67	3.18	59.97	64.91	190	脉状	倾向 10°～35°，倾角 63°～80°	P57～P79	3872～4012	蚀变中基性火山岩
5	120	12.46	2.86	61.13	76.67	150	脉状	倾向 30°，倾角 70°	P45～P53	3726～3895	蚀变中基性火山岩为主，少量变质砂岩、板岩
10	896	9.88	3.21	99.17	72.32	345	平面为长条脉状，剖面为尖灭、再现（侧现）、分支的脉状	向北、北北西倾角 65°～72°	P12～P35	3732～4080	蚀变中基性火山岩为主，少量变质砂岩、板岩
10-2	165	6.63	4.58	—	—	—	脉状	向南倾			蚀变中基性火山岩
10-4	230	2.19	2.80	—	—	—	脉状	向南倾			蚀变中基性火山岩
12	120	10.39	3.56	61.38	72.69	65	脉状	倾向 153°，倾角 41°	P12～P20	3811～3883	蚀变中基性火山岩
15	560	36.03	4.03	91.64	54.83	375	平面为长透镜状，剖面为上宽下窄、北陡南缓的漏斗状	倾向 340°，倾角 70°	P62～P92	3600～4040	蚀变中基性火山岩为主，少量变质砂岩、板岩

一、10号矿体

10号矿体是研究区最长的矿体，矿体出露最高海拔为4080 m，最低海拔为3890 m，相对高差为190 m。该矿体现有12条基本勘探线（80 m间距），地表按40～80 m间距进行了21条探槽或采样剖面和4条取样浅钻剖面施工。深部按40～80 m施工了55个钻孔，另在矿体东段3920 m中段向西（P04～P03勘探线）增加了沿脉加穿脉（80 m间距）坑道。

现控制矿体长为896 m，最大斜深为345 m。矿体平均厚度为9.88 m，平均品位为3.21×10^{-6}。矿体向北或北北西倾，倾角为65°～70°。矿体平面展布为中西段窄、向东变宽的长条脉状，剖面上呈总体向下变窄，尖灭再现、侧现，或分支的脉状。

矿体地表最大厚度为53.32 m，最小厚度为1.16 m。深部矿体最大厚度为33.93 m，最小厚度为0.70 m。矿体厚度变化系数为99.17%，因此10号矿体厚度较稳定。矿体地表单工程平均品位最高为12.43×10^{-6}，最低为1.06×10^{-6}。深部单工程平均品位最高为4.11×10^{-6}，最低为1.09×10^{-6}，品位变化系数为72.32%，因此10号矿体有用组分分布均匀。

10号矿体区采空区主要分布在P27勘探线至P06勘探线，标高为3911～4080 m，主要开采氧化矿。

二、15号矿体

15号矿体是研究区规模最大的矿体，矿体地表出露最高海拔为4040 m，最低海拔为3880 m，相对高差为160 m。该矿体现有8条基本勘探线（80 m间距），地表按40 m间距有15条勘探线以探槽（或采样剖面）为主、浅钻为辅进行控制，局部加密至20 m，深部坑道在3920 m中段有一条沿脉（YM4）及按80 m间距有4条穿脉（CM7601、CM8001、CM8401、CM8801）控制，在3840 m中段有一条沿脉（YM3）及一条穿脉（CM6401）控制；钻孔按（20～80）m×（40～80）m的网度（由于矿体产状变陡，倾向上的间距大于80 m）有48个钻孔控制。

现控制矿体长为560 m，控制矿体最大斜深为375 m，矿体平均厚度为36.03 m，平均品位为4.03×10^{-6}。矿体倾向为320°～360°，倾角为48°～80°。矿体平面展布呈不规则的长透镜状，东段有分支现象，剖面形态总体呈上宽下窄、北陡南缓的漏斗状。

15号矿体地表最大厚度为93.86 m（P82勘探线），最小厚度为8.55 m（P68A勘探线），矿体平均厚度为41.55 m。

矿体地表单样最高品位为66.30×10^{-6}；地表单工程最低品位为2.09×10^{-6}（PTC64），最高为7.78×10^{-6}（TC7201），平均品位为4.25×10^{-6}。

矿体深部钻孔最大厚度为99.4 m（P76勘探线），最小厚度为4.00 m（P88勘探线），矿体平均厚度为30.51 m，单样最高品位为52.28×10^{-6}（SZK76A01）；单工程最低品位为1.01×10^{-6}（ZK8003），最高品位为8.06×10^{-6}（SZK7803），平均品位为3.96×10^{-6}。

矿体厚度变化系数为 91.64%，因此 15 号矿体厚度变化较稳定，总的趋势是矿体厚度沿走向变化小于沿倾向变化。矿体品位变化系数为 54.83%，因此 15 号矿体有用组分分布均匀。

15 号矿体采空区位于 P64 勘探线至 P92 勘探线，标高为 3880～4040 m。

三、其他矿体

梭罗沟金矿床矿体基本特征详见表 4－2。

第三节　研究区收集地球物理特征

地球物理特征是衡量一个地区是否具备地球物理勘查前提的重要标志，本次物探前期工作收集到 2010 年梭罗沟金矿物探工作测定到的地区岩、矿石露头物性参数。其参数统计结果见表 4－3。

表 4－3　2010 年梭罗沟金矿岩、矿石露头物性参数统计表

岩、矿石名称	测定块数（N）	电阻率（ρ_s）（Ω·m）		视幅频率（f_s）（%）		备注
		变化范围	平均值	变化范围	平均值	
原生矿	10	356～823	539	3.6～9.8	7.2	露头测试
氧化矿	10	82～156	102	2.2～4.9	3.5	露头测试
灰岩	10	580～1450	953	0.4～1.6	0.8	露头测试
玄武岩	10	432～980	821	1.9～4.2	2.6	露头测试
炭质板岩	10	137～211	152	3.9～10.9	7.5	露头测试
粉砂质板岩	10	213～468	323	3.1～6.2	5.7	露头测试

根据表 4－3 的统计结果，梭罗沟金矿岩、矿石露头电阻率和视幅频率的主要特征表现为：

（1）电阻率：以灰岩和玄武岩最高，变化范围分别为 580～1450 Ω·m 和 432～980 Ω·m；原生矿次之，变化范围为 356～823 Ω·m；炭质板岩和氧化矿最低，变化范围分别为 137～211 Ω·m 和 82～156 Ω·m。

（2）视幅频率：以炭质板岩和原生矿最高，变化范围分别为 3.9%～10.9% 和 3.6%～9.8%；粉砂质板岩和氧化矿次之，变化范围分别为 3.1%～6.2% 和 2.2%～4.9%；灰岩最低，变化范围为 0.4%～1.6%。

该物性测试结果表明，首先，研究区的原生金矿体与围岩具有明显的电性差异，其中金矿体（岩性主要为碳酸盐化、绢云母化、钠长石化、黄铁矿化、毒砂矿化的蚀变基性凝灰岩和基性凝灰角砾岩、蚀变中基性火山岩）电性特征表现为相对中阻高极化，灰岩、玄武岩（围岩）表现为高阻低极化，炭质板岩（围岩）则表现为低阻高极化。所寻找目标体与围岩之间存在较明显的电性差异，这是本次工作开展的物性基础之一。

其次，梭罗沟金矿属热液型金矿床，矿体产于上三叠统曲嘎寺组一套基性火山岩系，与近东西向主干断裂（F1）存在依附关系，F1 断裂为研究区内集控矿、导矿、容矿于一体的主干断裂；在音频大地电磁测深法中，断层、接触带、破碎带电阻率原始曲线形态表现为电阻率电性突变的线状界限、等值线严重畸变变形现象和等值线两侧明显错动现象，以此来确定断裂带与矿体依附关系，是本次工作的解释依据。

第五章　研究区音频大地电磁测深工作

第一节　研究目的任务

通过音频大地电磁测深法（AMT）对梭罗沟金矿进行深部结构探测，目的是探寻矿体深部地质构造状况及地质边界；探寻矿体深部第二成矿空间展布情况，为深部风险勘查、布置钻孔提供物探依据。

本次研究区音频大地电磁测深工作依据于2018年度开展的物探工作情况进行。

第二节　研究区地球物理特征

岩（矿）石物性差异是物探工作的物质基础，也是人们了解区内地球物理场的分布特征和对物探异常进行解释推断的必要条件。为此，为了合理解释异常，为异常解释提供依据，我们根据研究区内地层出露情况（初步踏勘成果）选择地层出露较好的地方采集标本。所采集的标本见表5−1。

表5−1　标本采集统计表

序号	岩性	标本数（块）	备注
1	玄武岩	13	
2	砂岩	3	
3	碎屑岩	20	
4	凝灰岩	34	
5	灰岩	11	
6	岩屑石英砂岩	3	

本次共测定有效标本84块，均在无水状态下测定。各岩性岩石电阻率统计结果见表5−2。

表 5—2　各岩性岩石电阻率统计结果

序号	岩性	电阻率（Ω·m）			标本数（块）	备注
		最大值	最小值	平均值		
1	玄武岩	13721	803	4256	13	
2	砂岩	1833	873	1320	3	
3	碎屑岩	4678	157	1379	20	
4	凝灰岩	12622	296	2526	34	
5	灰岩	9358	1445	5320	11	
6	岩屑石英砂岩	3287	1826	2367	3	

图 5—1 为各岩性岩石物性电性柱状图。

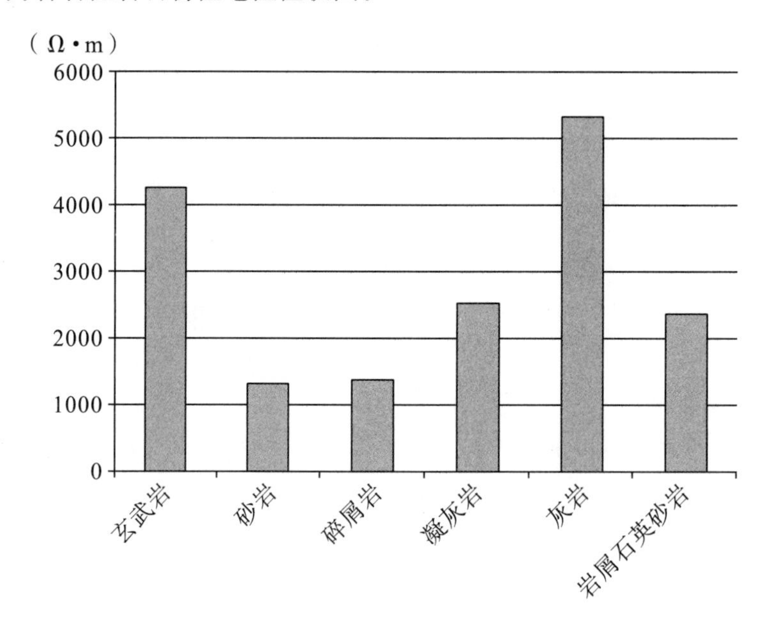

图 5—1　各岩性岩石物性电性柱状图

由表 5—2、图 5—1 可知，研究区各岩性岩石电阻率有如下特征：

（1）电阻率：平均值以灰岩和玄武岩最高，均大于 4000 Ω·m；凝灰岩与岩屑石英砂岩表现为相对中阻的电性特征，电阻率集中分布在 2000～3000 Ω·m；砂岩与碎屑岩则表现为相对低阻的电性特征，平均值均在 1500 Ω·m 以下。

（2）从本次统计的岩石物性规律可知，与 2010 年度开展的物探工作露头测定结果相对一致。

（3）由于研究区的原生金矿体（岩性主要为碳酸盐化、绢云母化、钠长石化、黄铁矿化、毒砂矿化的蚀变基性凝灰岩和基性凝灰角砾岩、蚀变中基性火山岩）电性特征表现为相对中阻，而灰岩、玄武岩（围岩）表现为高阻，砂岩（围岩）则表现为低阻，原生金矿体与围岩具有明显的电性差异。这是本次工作开展综合解释的物性基础。

第三节　工作方法和主要技术

一、执行标准

本研究使用的物探工作方法和主要技术应按照现行的相关行业技术规范、规程与标准执行。即：

《物化探工程测量规范》（DZ/T 0153—2014）。

《全球定位系统（GPS）测量规范》（GB/T 18314—2009）。

《全球定位系统实时动态测量（RTK）技术规范》（CH/T 2009—2010）。

《天然场音频大地电磁法技术规程》（DZ/T 0305—2017）。

《地球物理勘查技术符号》（GB/T 14499—1993）。

《地球物理勘查图图式图例及用色标准》（DZ/T 0069—1993）。

二、工作方法和主要技术

大地电磁测深法（MT）是20世纪50年代初由苏联科学家A. N. Tikhonov（1950）和法国科学家Cagniard（1953）分别提出来的，现已发展成为主要的地球物理方法之一。其中，音频大地电磁测深法（AMT）观测频带介于0.1 Hz～100 kHz之间。

（一）工作方法的基本原理

天然交变电磁场是由太阳风和雷电现象产生的，音频大地电磁测深法以天然的平面电磁波作为场源（图5－2），频率范围从0.0001～1000 Hz。当大地电磁场入射到地下时，一部分被介质吸收衰减，一部分反射到地面，反射到地面的部分带有反映地下介质电性特征的电磁场信息（图5－3）。通过在地面或海底观测到的相互正交的天然电磁场各分量，可得到观测上的电阻率（或相位）—频率曲线。由电阻率—频率曲线通过一定的反演，可获取地下不同深度的电阻率分布情况，以此探测研究地下的构造。音频大地电磁测深法具有不受高阻层屏蔽、探测深度大、对低阻层（体）反应灵敏并适用于多种地质环境的优点，因此在地壳上地幔结构、能源、资源和环境探测等领域得到了广泛应用。

音频大地电磁测深法基于麦克斯韦方程，采用源自高空的天然交变电磁场作为场源来探测地下的电阻率结构。当交变电磁场以波的形式在地下介质中传播时，由于电磁感应作用，地面电磁场的观测值将包含地下介质电阻率分布的信息，不同周期的电磁场信息具有不同的穿透深度。音频大地电磁测深法接收的频率范围宽，比其他方法具有更大的探测深度，因此，音频大地电磁测深法是用于进行深部结构研究的一种非常重要的手段。

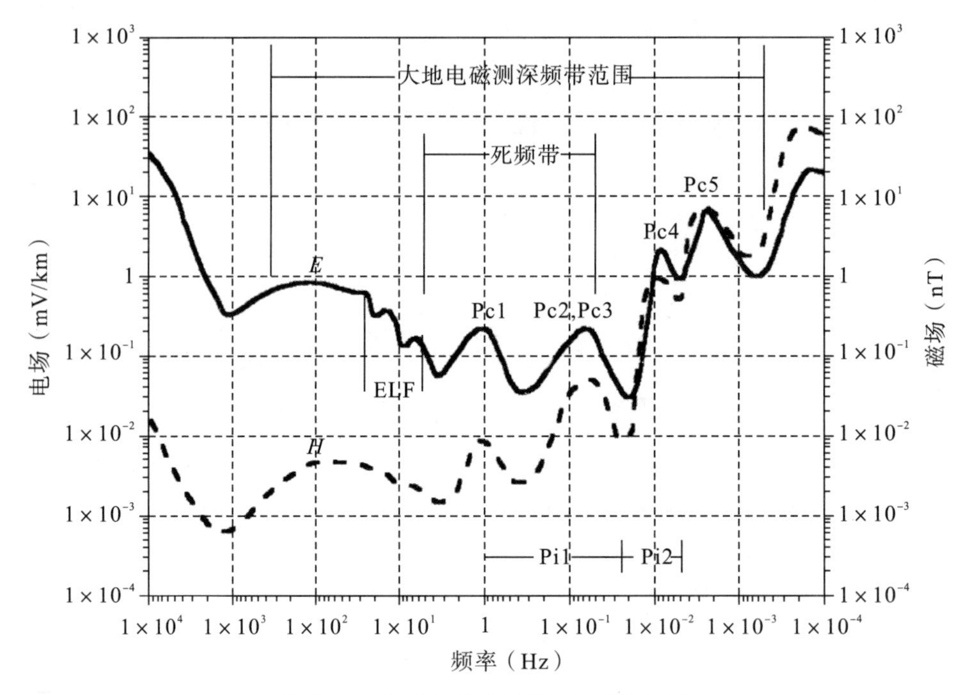

图 5—2　全球电磁场平均振幅谱特征图

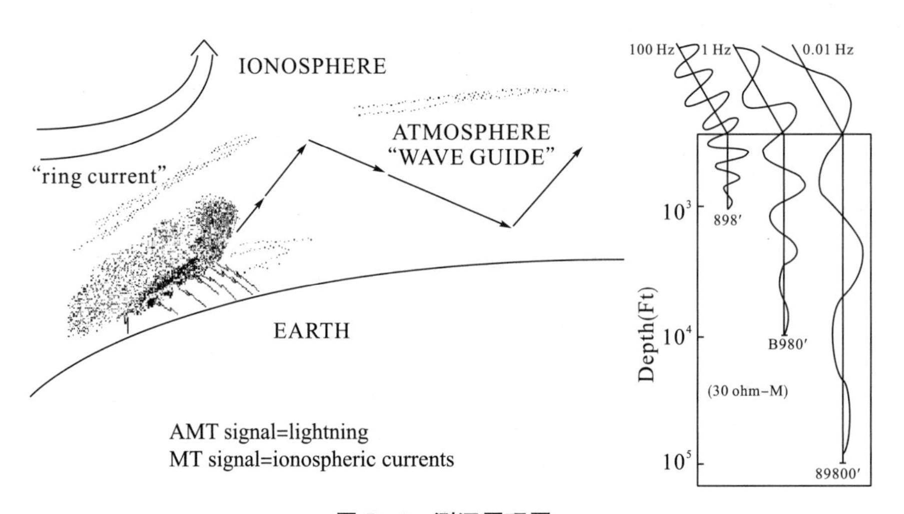

图 5—3　测深原理图

首先分析由太空向地球垂直入射的平面电磁波在均匀大地介质中的传播特性，由此引出地面电磁场与地下介质电阻率之间的关系。在直角坐标系中，假定 Z 轴垂直向下，$X-Y$ 轴位于地表水平面上，引入低频谐变场的麦克斯韦方程组中的旋度方程：

$$\nabla \times E = i\omega\mu \vec{H}$$

$$\nabla \times \vec{H} = \sigma \vec{E} \tag{5-1}$$

将式（5—1）展开成分量，且考虑到电磁场沿水平方向是均匀的，则电磁场各分量表达式为：

$$-\frac{\partial E_y}{\partial Z} = i\omega\mu H_x \tag{5-2}$$

$$-\frac{\partial E_x}{\partial Z}=i\omega\mu H_y \tag{5-3}$$

$$-\frac{\partial H_y}{\partial Z}=\frac{1}{\rho}E_x \tag{5-4}$$

$$-\frac{\partial H_x}{\partial Z}=\frac{1}{\rho}E_y \tag{5-5}$$

由式（5-2）～式（5-5）不难看出，电场分量 E_y 与磁场分量 H_x 有关，磁场分量 H_y 与电场分量 E_x 有关。通过测量四分量 E_x、E_y、H_x、H_y，构成 E_x-H_y、E_y-H_x 两组分量组合，形成音频大地电磁测深法的TM极化和TE极化模式。

以磁场分量 H_y 为例，由式（5-2）～式（5-5）可推得 H_y 所满足的常微分方程为：

$$\frac{\partial^2 H_y}{\partial Z^2}-\kappa^2 H_y=0 \tag{5-6}$$

解常微分方程可以得到

$$H_y=H_{0y}\mathrm{e}^{-i\omega t}\mathrm{e}^{-\frac{2\pi}{\lambda}z(1-i)} \tag{5-7}$$

式（5-7）表示随时间谐变的电磁场在均匀同性大地介质中向各向传播时，沿传播方向是谐变的，并且按指数规律衰减。考虑到介质对电磁波的吸收作用，引入穿透深度，也叫趋肤深度 δ，δ 表示 H_{0y} 衰减到 $\frac{1}{\mathrm{e}}$ 时，电磁波传播的距离：

$$\delta=\frac{\lambda}{2\pi}=\sqrt{\frac{2}{\omega\mu\sigma}}=503\sqrt{\frac{\rho}{f}}\ (\mathrm{m}) \tag{5-8}$$

由式（5-8）可以看出，穿透深度 δ 与频率的平方根成反比，与大地介质的电阻率的平方根成正比。电磁波频率高，探测深度小；电磁波频率低，探测深度大；其余电磁场分量也具有相应的随传播距离衰减的规律。此为音频大地电磁测深法的基本原理。

在音频大地电磁测深法中，地表测得的电场和磁场包括由空间向地下入射的初始场和由地下导电介质感应产生的二次场，因此，测得的电场和磁场中包含地下电性结构的信息。电磁场的频谱与地下介质的结构信息有关。在频率域，电磁场（E、H）和阻抗张量 Z 满足如下关系：

$$\begin{bmatrix}E_x\\E_y\end{bmatrix}=\begin{bmatrix}Z_{xx} & Z_{xy}\\Z_{yx} & Z_{yy}\end{bmatrix}\begin{bmatrix}H_x\\H_y\end{bmatrix} \tag{5-9}$$

如式（5-9）所示，其中，x、y 指示电场、磁场的方向——在野外测量工作中，x 指向正北方向，y 指向正东方向。通过野外测量得到电磁场分量的时间序列，利用傅里叶变换得到每个分量的频率域的谱数据，采用最小二乘法对式（5-9）方程进行求解，即可获取阻抗张量的各个元素。

采用V8多功能电法工作站进行大地电磁测量时，测得的电场分量 E 的单位为mV/km，磁场分量 H 的单位为nT，经傅里叶变换后得到对应的各个频率的电场分量和磁场分量，可根据式（5-10）、式（5-11）求解TM极化和TE极化模式的电阻率值。电阻率值为频率的函数，不同频率的电阻率值是不同平面波影响范围内的导电介质的综合反映，因此，电阻率值随频率的变化规律反映了地球导电性随深度变化的信息。

$$\rho_{xy}=\frac{1}{5f}\left|\frac{E_x}{H_y}\right| \tag{5-10}$$

$$\rho_{yx}=\frac{1}{5f}\left|\frac{E_y}{H_x}\right| \tag{5-11}$$

式（5－10）、式（5－11）表征均匀各向同性大地介质条件下地面电磁分量与大地电阻率的关系。

（二）野外工作方法和技术

测量仪器选用加拿大凤凰公司生产的地球物理电磁法综合测量系统——V8－6R系统。V8－6R系统是加拿大凤凰公司自1975年以来研制开发的第八代多功能电法测量系统，总体由四大系统组成：发射系统、采集（接收）系统、定位系统和数据记录处理系统，让操作员可以轻松地对数据质量进行监控处理。

本次采用AMTC－30磁探头，由V8－6R多功能接收主机（图5－4）、1台RXU－3ER（2个电道采集站）组成的多测站多道无线局域网络采集系统进行野外数据采集。V8－6R有3个磁道和3个电道。磁道既可以连接标准的磁棒也可以和1～3个轴向的TDEM探头连接。此外，V8－6R还可以单机工作（通常用来做AMT和MT）。

图5－4　V8－6R多功能接收主机

研究区内测深剖面主要分为东、西两个矿区，共计部署测点266个，采集频率范围为1.02～10400 Hz，共计54个频点（表5－3）。

表5－3　音频大地电磁测深勘探频率参数表

序号	频率（Hz）	序号	频率（Hz）	序号	频率（Hz）	序号	频率（Hz）	序号	频率（Hz）
1	10400	12	1500	23	229	34	33	45	4.70
2	8800	13	1300	24	194	35	28	46	4.10
3	7200	14	1100	25	159	36	23	47	3.40
4	6000	15	900	26	132	37	19	48	2.81

续表5－3

序号	频率（Hz）	序号	频率（Hz）	序号	频率（Hz）	序号	频率（Hz）	序号	频率（Hz）
5	5200	16	780	27	115	38	16	49	2.34
6	4400	17	640	28	97	39	14	50	2.03
7	3600	18	530	29	79	40	11	51	1.72
8	3000	19	460	30	66	41	9.40	52	1.41
9	2600	20	390	31	57	42	8.10	53	1.17
10	2200	21	320	32	49	43	6.90	54	1.02
11	1800	22	265	33	40	44	5.60		

本次工作采用四分量测点 AMT 装置，能获取 TE 极化和 TM 极化模式的两组电阻率及阻抗相位，从而进行定性和定量分析，最终得到研究区内各剖面电阻率的分布特征。鉴于磁场在一定区域内稳定，我们在 500 m 范围内采取共同磁参考，即一个四分量测点的磁场数据可以给周围 500 m 范围内的两分量（E_x和E_y）测点使用，这样一方面可以避免因探头移动造成的各点不一致的情况，另一方面可以提高施工效率，也可以满足 AMT 的探勘精度要求。按照项目的统一规划与安排，野外数据采集工作的测点应尽量选择远离人文噪声的区域。布站与数据采集要严格按照相关规范要求进行。AMT 测点采集方式采用张量方式，即相互垂直得两对电场分量 E_x、E_y和垂直方向的磁场分量 H_y、H_x。图 5－5 为音频大地电磁测深法野外数据采集示意图。

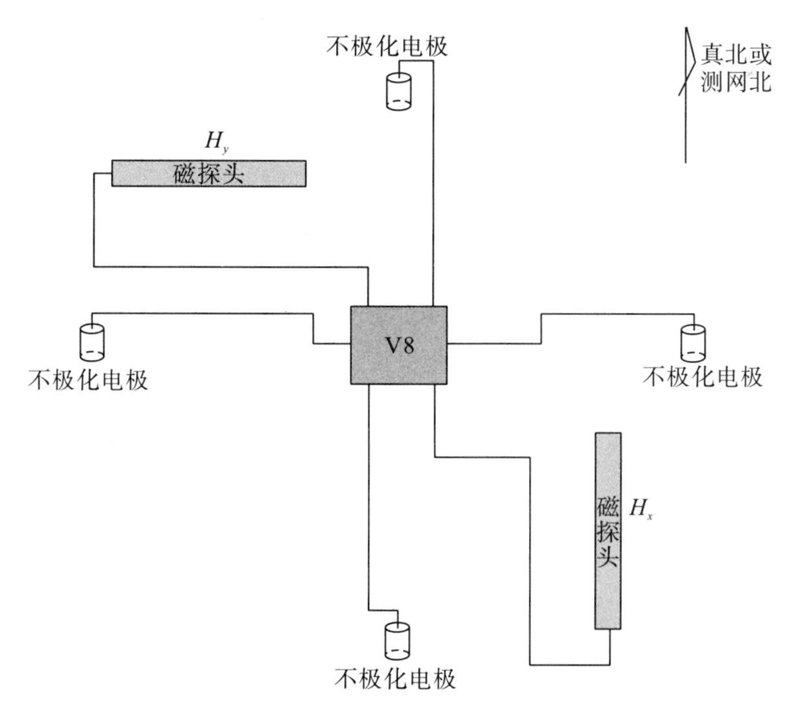

图 5－5　音频大地电磁测深法野外数据采集示意图

野外数据采集使用不极化电极，并严格选用极差符合要求的电极对投入工作。布设时，测距采用测绳、角度采用森林罗盘仪，保证各自方位偏差不大于 1°，极距误差小于 1%。磁棒以磁北方向作为参考方向，布设采用森林罗盘仪、水平尺等工具，确保磁棒方位正确、放置水平。对每个测点周围的主要地形、地物、干扰情况进行描述，及时填入布极班报表及操作员记录；严格班报检查制度；接地电阻小于 2000 Ω。

观测时间的确定：按照设计要求，本次音频大地电磁测深勘探深度大于 1.5 km。根据穿透深度公式 $D=503\sqrt{\dfrac{\rho}{f}}$（m）或趋肤深度公式 $\delta=365\sqrt{\dfrac{\rho}{f}}$（m），结合研究区的背景电阻率值确定所需的最低频率，最低频率越低，为获得足够好的低频叠加数据所需的采集时间越长，保证叠加次数不少于 3 次。

（三）仪器性能试验

1. 仪器标定

一般来讲，电子仪器设备会因元器件原因导致输入信号与输出信号之间发生偏差，这就要求对仪器本身进行标定，确定相应的标定参数，进而对采集得到的输入信号进行校正，以得到真实的电、磁物理场值。由于仪器经过了长途运输，在野外工作开始前，应对仪器主机和磁场传感器进行重新标定，标定曲线如图 5-6、图 5-7 所示。由图 5-6、图 5-7 可知，标定曲线连续性好，形态正常，符合《天然场音频大地电磁法技术规程》（DZ/T 0305—2017）中有关仪器标定的技术要求，可继续开展工作。

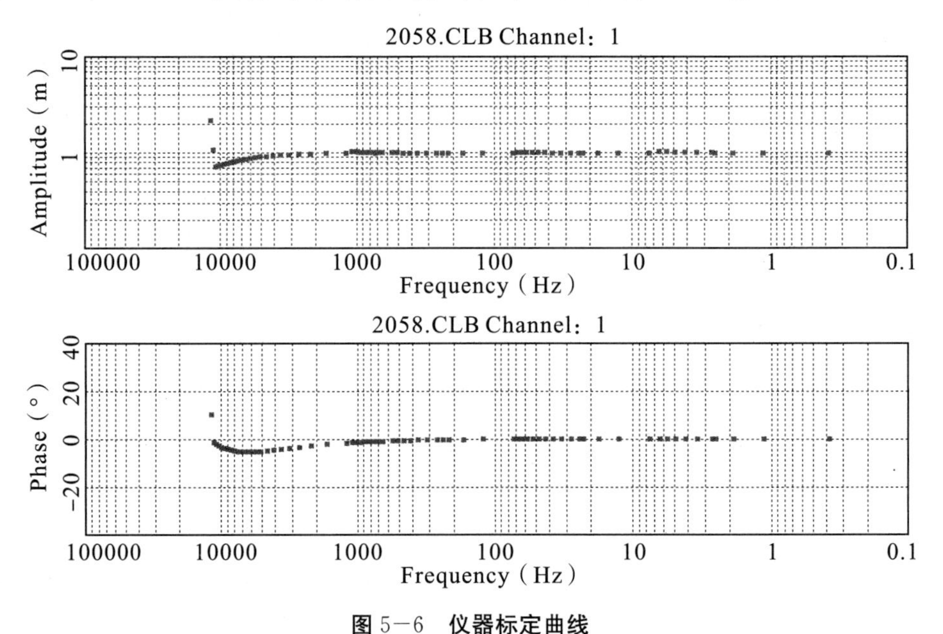

图 5-6　仪器标定曲线

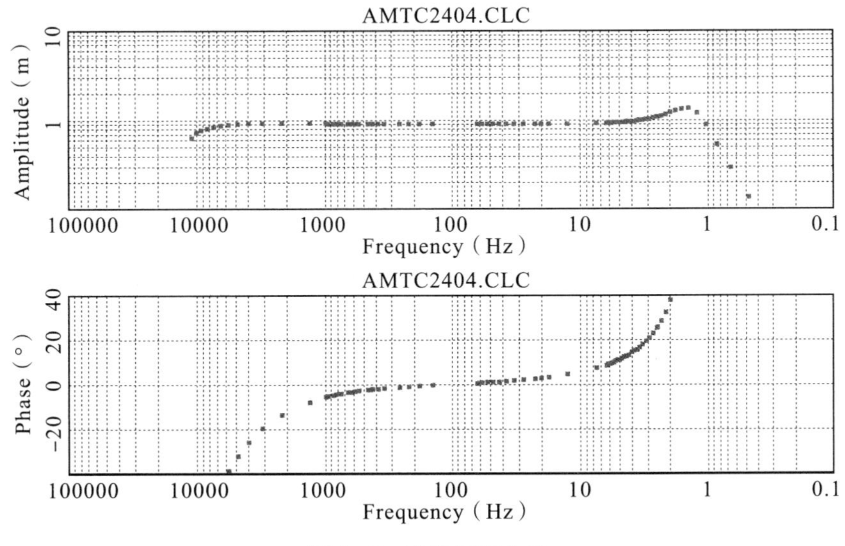

图 5-7　磁棒标定曲线

2. 一致性试验

在野外工作开始之前，需要对仪器进行一致性试验，以保证各套仪器在同一测点能够采集到相同的数据。开展仪器一致性试验的主要目的在于尽可能排除由于仪器设备而造成的数据失真。

开展试验前，在研究区内干扰较小且地势平坦的地方进行布极，布极方式均为“十”字形。布极点应无车辆通行，已经过资料试采且资料稳定，干扰小。正式开展试验，应采集至少 45 分钟的数据进行处理，得到各台仪器的一致性试验结果。开工前、开工后所有仪器的相位和电阻率曲线如图 5-8、图 5-9 所示。

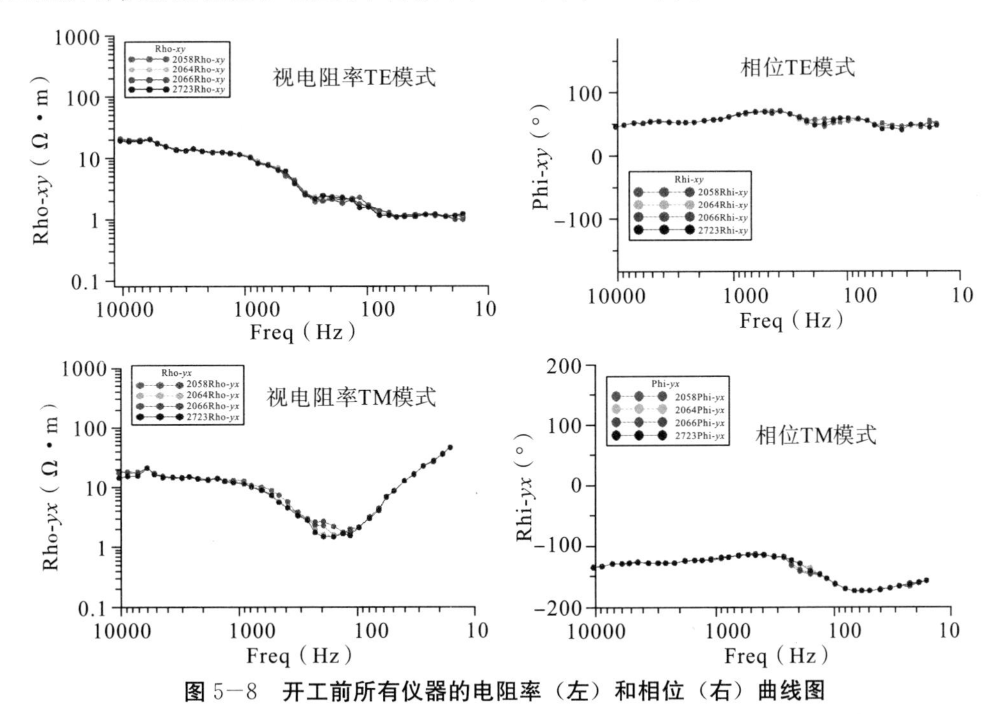

图 5-8　开工前所有仪器的电阻率（左）和相位（右）曲线图

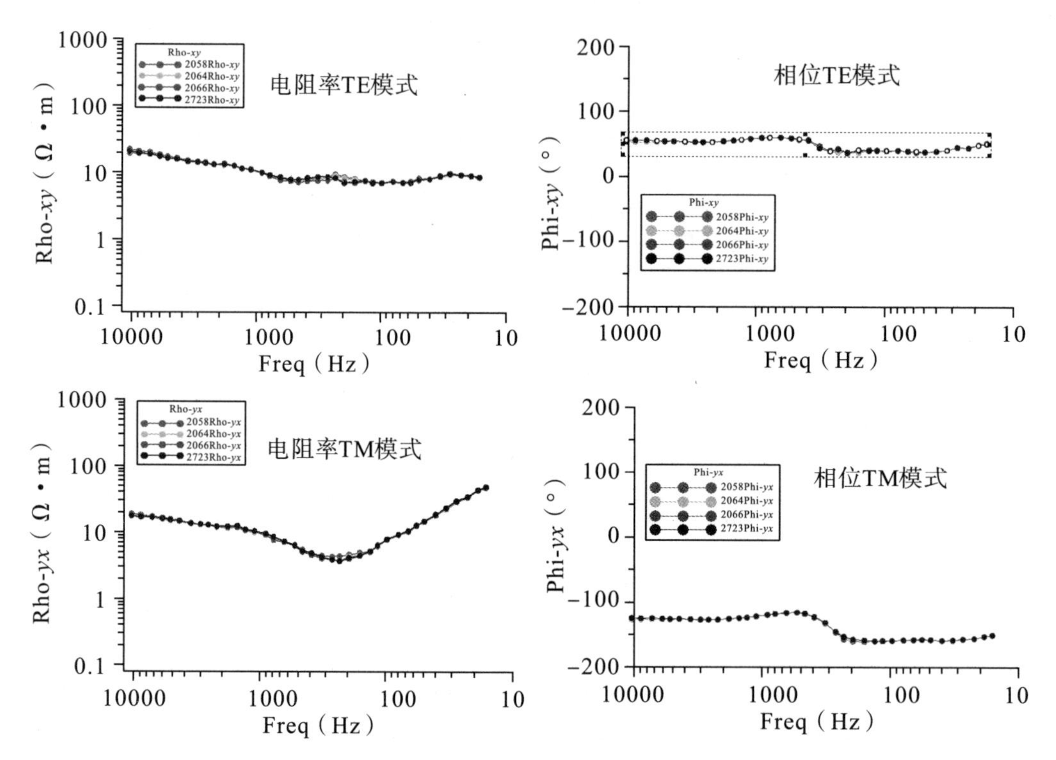

图 5−9　开工后所有仪器的电阻率（左）和相位（右）曲线图

一致性试验得到的数据采用均方相对误差进行分析统计，计算公式为：

$$m' = \pm\sqrt{\frac{1}{2nh}\sum_{i=1}^{n}\sum_{j=1}^{h}\left(\frac{A_{ij}-\bar{A}_i}{\bar{A}_i}\right)^2}\times 100 \qquad (5-12)$$

$$\bar{A}_i = \sum_{j=1}^{h}\frac{A_{ij}}{h}$$

式中：m'——衡量仪器一致性的均方相对误差，%；

n——频点数，个；

h——仪器台数，台；

A_{ij}——第 j 台仪器第 i 个频点电阻率或相位，Ω·m 或 rad；

$\bar{A}_i$——各仪器第 i 个频点电阻率或相位平均值，Ω·m 或 rad。

由图 5−8、图 5−9 可以看出，仪器的电阻率和相位曲线不论在曲线形态还是数值上，都具有很好的一致性，四台仪器均工作正常，仪器相似性较高。

（四）资料处理

音频大地电磁测深法（AMT）的资料处理主要包括资料预处理、静态位移校正与地形改正、资料反演解释等环节，每个环节的处理质量都将对最终成果产生较大影响。因而要研究电性特征与地质构造，必须考虑各环节对最终成果的影响，必须把它们作为一个整体进行研究，体现“处理、解释一体化”的整体性优势。

1. 反演方法介绍

定量反演解释是在定性和半定量解释基础上进行的一种资料处理方式，任务是给出实测曲线所对应的地电断面参数，提出研究区的地球物理模型。定量解释包括一维反演和二维反演两步。一维反演是二维反演的基础，它一般给出一个用于二维反演的初始模型，而二维反演结果便是最终的地球物理模型。

本研究区地质构造复杂，这给 AMT 反演解释工作带来很大的困难。为提高 AMT 的分辨率，增强 AMT 的解释效果，本研究项目的研究思路为：首先在充分理解和掌握现有方法的基础上，逐一研究和试验一些新的反演方法，对研究区内有代表性的几条 AMT 测线进行试验；然后从中选出最佳的方法或方法系列；最后采用优选的方法对全区的 AMT 资料进行铺开处理。

（1）一维反演方法。

在做一维反演时，由于大地电磁资料所具有的多解性，加之二维或三维构造的影响，其结果被认为是不够准确完整的。为了减小解的非唯一性，提高可靠性，我们使用了多种反演方法，即广义逆反演法、连续介质反演法和垂直时距曲线法等。现将其原理简要介绍如下：

①广义逆反演法（1D-GMI）。

广义逆反演法是一种有代表性的反演方法，获得了比较广泛的应用。假设地电断面的参数为 ρ_1，h_1，ρ_2，h_2，…，h_{n-1}，ρ_n，$\rho_k(T_i)$ 为第 i 个观测周期 T_i 上的电阻率，n 为层数，则有

$$\rho_k(T_i)=f(\rho_1,\rho_2,\cdots,\rho_n,h_1,h_2,\cdots,h_{n-1},T_i)(i=1,2,\cdots,M) \tag{5-13}$$

如将式（5-13）在初始模型

$$[\lambda^0] = [\lambda_1^0,\lambda_2^0,\cdots,\lambda_N^0]^{\mathrm{T}} = [\rho_1,\rho_2,\cdots,\rho_n,h_1,h_2,\cdots,h_{n-1}]^{\mathrm{T}}$$

附近线性化，则有

$$[\Delta\rho] = [A][\Delta\lambda] \tag{5-14}$$

其中，

$$[\Delta\rho] = [\Delta\rho_1,\Delta\rho_2,\cdots,\Delta\rho_M]^{\mathrm{T}} \tag{5-15}$$

$$[\Delta\lambda] = [\Delta\lambda_1,\Delta\lambda_2,\cdots,\Delta\lambda_N]^{\mathrm{T}} \tag{5-16}$$

$$[A] = \begin{bmatrix} \frac{\partial f_1}{\partial\lambda_1} & \frac{\partial f_1}{\partial\lambda_2} & \cdots & \frac{\partial f_1}{\partial\lambda_N} \\ \frac{\partial f_2}{\partial\lambda_1} & \frac{\partial f_2}{\partial\lambda_2} & \cdots & \frac{\partial f_2}{\partial\lambda_N} \\ \vdots & \vdots & & \vdots \\ \frac{\partial f_M}{\partial\lambda_1} & \frac{\partial f_M}{\partial\lambda_2} & \cdots & \frac{\partial f_M}{\partial\lambda_N} \end{bmatrix} \tag{5-17}$$

$$\Delta\rho_k=\rho_k(T_i)-\rho_k^0(T_i)(i=1,2,\cdots,M) \tag{5-18}$$

$$\Delta\lambda_j=\lambda_j-\lambda_j^0\ (j=1,2,\cdots,N) \tag{5-19}$$

其中，N 为地电断面参数的个数，λ_j 为地电参数即电阻率或深度，M 为观测数据的个数，T_i 为第 i 个周期。解方程（5-14）求得改正向量后，就对原始模型参数进行校正，以求得校正的模型参数，并以此为新的初始模型反复迭代，直到满足要求为止。

广义逆反演法的优点在于，它不受矩阵 [A] 的欠定和超定的限制，总可以稳定求解，并能获得有关原始数据和地电断面许多补充信息。但它受初始模型的影响很大，反

演时有可能陷入局部极小而偏离真实情况。

②连续介质反演法（CMI）。

连续介质反演法是基于地下介质电阻率随深度连续变化这一模式，导出数据的扰动量和模型的扰动量的关系，其为：

$$\delta\rho_k(T_i)=\int_0^\infty G(\lambda^0,T_i)\delta\lambda(z)\mathrm{d}\lambda(i=1,2,\cdots,M) \tag{5-20}$$

式中：$\delta\rho_k(T_i)$——第 i 个周期电阻率的实际观测值与初始模型［λ^0］处的理论值之间的扰动；

$G(\lambda^0,T_i)$——核函数；

$\delta\lambda(z)$——模型的扰动量。

运用 Backus-Gilbert 线性反演理论解式（5－20）的方程组可求出模型的扰动量。在求出模型的扰动量 $\delta\lambda(z)$之后，就可以对初始模型进行校正。然后又以校正后的模型作为初始模型反复迭代，直至满足要求为止。

③垂直时距曲线法（VTDC）。

垂直时距曲线法是由王家映教授首先提出的一种解释大地电磁资料的全新方法。其基础是垂直入射的平面电磁波在导电介质中的传播相速度会因介质的导电率和电磁波的频率不同而不同。可以证明：

$$V(\omega)=\sqrt{\frac{2}{\omega\mu\sigma}} \tag{5-21}$$

式中：ω——圆频率；

σ——电导率；

μ——磁导率。

显然，电磁波在介质中的传播速度与$\sqrt{\omega}$和$\sqrt{\sigma}$成反比。若取参考频率为 1，则有

$$V=\sqrt{\frac{2}{\mu\sigma}} \tag{5-22}$$

一旦求得不同时间下垂直入射的平面电磁波（$\omega=1$）在介质中的传播深度，就可以求出和地震发射法一样的垂直时距曲线，据此曲线斜率，求出介质的层速度，进而求得它的深度和电阻率。

在应用垂直时距曲线法进行反演时，不仅要用到实测电阻率振幅值，还要用到其相位。因此当资料不够理想时，可将相位和振幅相互利用，即利用振幅求相位或用相位求振幅，同时也可通过二者的互相利用检验实测数据的可靠程度。

综上所述，广义逆反演法可以拟合电阻率 ρ 和相位 φ 的值，但需要给出初始模型。连续介质反演法可以拟合 ρ 和 φ 的值，需要的只是一个均匀半空间作为初始模型，然后通过自动反演，给出一个连续的地电断面。垂直时距曲线法可以同时拟合 ρ 和 φ 的值，不需要给出初始模型，因此，它可以视为一种直接反演法。

我们在试验中采用了上述三种一维反演方法，得到的反演结果基本相似。其中连续介质反演法和垂直时距曲线法更适合处理本研究区的资料，是这次一维资料处理中采用的主要手段。

由于各方法的原理不同，出发点不同，所得的结果自然也不完全一致。但是它们求的是同一个地电断面，各结果必然存在共同点。求同存异，综合分析各种方法得出的结果，找出它们之间的共同点，以此来确定地电断面，一般来说是可靠的。用它们作为二维反演的初始模型，可以减少初始模型的盲目性，加快反演的速度，避免由于初始模型不当使二维反演陷入局部极小的困境。图 5-10 给出了一个实际测点各一维反演方法所得结果的对比。

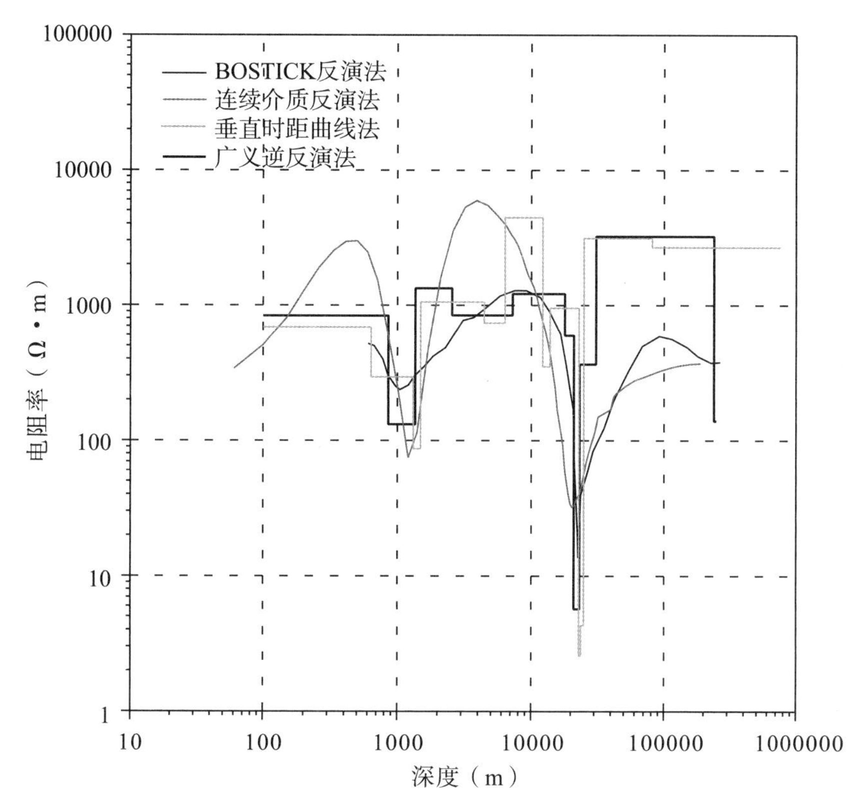

图 5-10　一个实际测点各一维反演方法所得结果的对比

我们对所有的测点资料都进行了上述三种一维反演，从而初步确定了每条测线的初始模型，为下一步二维反演做了充分准备。

（2）二维反演方法。

①快速松弛反演法（RRI）。

当地下构造横向变化明显时，不能局部地近似为水平层状介质，用层状模型对各大地电磁测点的资料进行一维反演会造成很大的误差，甚至产生错误。此时，若能用二维反演方法来反演解释这些资料，将会得到更好的结果。大地电磁测点资料的二维正演问题已经得到较好的解决，但大地电磁测点资料的二维反演问题还没有找到很好的解决方法。著名的地球物理反演专家 Oldenburg 教授曾指出，实现高维 MT 反演问题的方法的主要难点有三个：第一个是高维的 MT 正演问题计算时间较长；第二个是高维的 MT 反演问题的雅克比偏导数矩阵的计算时间较长；第三个是求雅克比偏导数矩阵的逆矩阵或解大型反演方程组问题，反演的非唯一性更为严重。

为避免二维反演方法中求雅克比偏导数矩阵计算量大的问题，Smith 等人提出用前一次迭代二维正演产生的电磁场来近似等于场的水平梯度，据此可用类似一维反演方法来求取各测点下的模型修改量。它用近似的方法来计算雅克比偏导数矩阵，减少了内存需求，极大地提高了反演速度。下面将介绍这种反演方法的原理和具体计算流程，以及对理论模型和实际资料进行反演试验的结果。

对于二维的大地电磁问题，取 x 方向为二维介质中的走向方向，y 方向为垂直走向的倾向方向，z 方向垂直向下。麦克斯韦方程组可以分离成彼此无关的两组方程式。

TE 极化模式：

$$\begin{cases}\dfrac{\partial H_z}{\partial y}-\dfrac{\partial H_y}{\partial z}=\sigma E_x\\ H_y=\dfrac{-1}{i\omega\mu_0}\cdot\dfrac{\partial E_x}{\partial z}\end{cases}\tag{5-23}$$

TM 极化方式：

$$\begin{cases}\dfrac{\partial E_z}{\partial y}-\dfrac{\partial E_y}{\partial z}=-i\omega\mu_0 H_x\\ E_y=\dfrac{1}{\sigma}\cdot\dfrac{\partial H_x}{\partial z}\\ E_z=-\dfrac{1}{\sigma}\cdot\dfrac{H_x}{\partial y}\end{cases}\tag{5-24}$$

引入新的响应函数：

$$\begin{cases}V=\dfrac{1}{E_x}\cdot\dfrac{\partial E_x}{\partial x}\left(=i\omega\mu\dfrac{H_y}{E_x}=\dfrac{i\omega\mu}{z_{xy}}\right)\\ U=\dfrac{1}{\sigma H_x}\cdot\dfrac{\partial H_x}{\partial z}\left(=\dfrac{E_y}{H_x}=z_{yx}\right)\end{cases}\tag{5-25}$$

则有

$$\begin{cases}\dfrac{\partial V}{\partial z}+V^2+\left\{\dfrac{1}{E_x}\cdot\dfrac{\partial^2 E_x}{\partial y^2}\right\}+i\omega\mu\sigma=0\\ \dfrac{\partial U}{\partial z}+\sigma U^2+\left\{\dfrac{1}{H_x}\cdot\dfrac{\partial}{\partial y}\left(\dfrac{1}{\sigma}\cdot\dfrac{\partial H_x}{\partial y}\right)\right\}+i\omega\mu\sigma=0\end{cases}\tag{5-26}$$

设当 $\sigma=\sigma_0$ 时，V_0 和 $E_{x,0}$，U_0 和 $H_{x,0}$ 满足上述方程。则令 $\sigma=\sigma_0+\delta\sigma$，$V=V+V_0$，$U=U+U_0$，并代入式（5－26），并将方程中的花括号项用 σ 改变前（$\sigma=\sigma_0$）的 $\dfrac{1}{E_{x,0}}\cdot\dfrac{\partial^2 E_{x,0}}{\partial y^2}$ 和 $\dfrac{1}{H_{x,0}}\cdot\dfrac{\partial}{\partial y}\left(\dfrac{1}{\sigma_0}\cdot\dfrac{\partial H_{x,0}}{\partial y}\right)$ 分别近似代替，则式（5－26）的两方程变为只对 z 微分的黎卡提（Ricatti）微分方程。据此不难解出：

$$\begin{cases}\delta V(y_i,0)=\dfrac{i\omega\mu}{E_x^2(y_i,0)}\displaystyle\int E_x^2(y_i,z)\delta\sigma(y_i,z)\mathrm{d}z\\ \delta U(y_i,0)=\dfrac{1}{H_x^2(y_i,0)}\displaystyle\int E_y^2(y_i,z)\delta\sigma(y_i,z)\delta\sigma(y_i,z)\mathrm{d}z\end{cases}\tag{5-27}$$

从式（5－27）可以看出，不同测点下的响应函数的扰动量 $\delta V(y_i,0)$，$\delta U(y_i,0)$ 与电导率的扰动量 $\delta\sigma(y_i,z)$ 构成线性泛函。因此，可用 Backus-Gilbert 广义线性泛函理论迭代求解模型的修改量。该方法由于将前一次迭代二维正演产生的电磁场来近似等于场的水平梯度，据此可用类似的一维反演方法来求各测点下的模型修改量，这样就可以大大加快反演的速度。因此该方法又称为快速松弛反演法（Rapid Relaxation Inversion，RRI）。

RRI反演是一个迭代反演的过程，在每一次迭代反演中都需要对前一次迭代所建立的二维地电断面进行正演计算。一般可采用二维有限元法或有限差分法进行正演计算。通过正演计算，可以得到每个网格剖分点处的 $E_{x,0}$、$\frac{\partial E_{x,0}}{\partial z}$ 和 $H_{x,0}$、$\frac{\partial H_{x,0}}{\partial z}$ 的值，然后可求出每个测点下不同深度处的线性泛函的核函数和方程左边的响应函数的差值，这些都需要对每个观测频率点进行计算。对于TE极化或TM极化模式的泛函可用如下形式来表示：

$$\delta V_i = \int_0^{\infty} G_i(z)\delta m(z)\mathrm{d}z (i = 1,2,\cdots,m) \tag{5-28}$$

利用Backus-Gilbert反演法，可求出 $\delta m(z)$ 的 L_2 范数最小解，即使

$$\varphi = \int_0^{\infty} [f(z)\delta m(z)]^2 \mathrm{d}z \tag{5-29}$$

为最小的模型修改量 $\delta m(z)$，这里 $f(z)$ 是加权函数。

$$\delta m(z) = \frac{1}{f(z)^2}\sum_{i=1}^{m} a_i G_i(z) \tag{5-30}$$

其中，系数 a_i 由如下方程组解出：

$$\delta V_i = \sum_{k=1}^{m} a_k \Gamma_{i,k} (i = 1,2,\cdots,m) \tag{5-31}$$

其中 $\Gamma_{i,k}$ 表示核函数 $G_i(z)$ 的内积，即：

$$\Gamma_{i,k} = \int_0^{\infty} \frac{G_i(z)G_k(z)}{f^2(z)}\mathrm{d}z \tag{5-32}$$

上述方程组可写成如下矩阵形式：

$$\Delta\vec{V} = \vec{\Gamma} \cdot \vec{a} \tag{5-33}$$

实际计算中，式（5－33）的方程常具有病态性。为了使解稳定，可用奇异值分解（SVD）将内积矩阵 $\vec{\Gamma}$ 进行分解，然后对奇异值进行截断，去掉小的奇异值。

RRI反演既可以对TE极化或TM极化模式的资料进行单独反演，也可以将两种极化方式联合起来反演。无论哪种形式，RRI的整个迭代反演过程都遵循下列步骤：一是给出初始模型 $\sigma_0(y,z)$，应用有限元法正演计算电磁场及其水平梯度；二是计算各测点下每个观测频点的核函数及地表的响应函数，并计算其差值；三是用Backus-Gilbert理论解线性泛函，用SVD法求出每个测点下模型参数的修改量 $\delta m(y,z)$；四是对每个测点，根据 $\delta m(y,z)$ 修改 $\sigma_0(y,z)$，最后求得新的二维模型 $\sigma(y,z)$；五是以新的二维模型作为初始模型，重复一～四的步骤，反复迭代，直至拟合误差足够小为止。

②二维OCCAM反演法（2D-OCCAM）。

Degroot-Hedlin和Constable提出了用OCCAM思想进行MT资料的反演。其基本思路是首先假定地下介质是连续变化的，反演是要寻找一种最平滑的模型，放弃了能拟

合观测数据这一最低要求。这种模型实质上是最真实地球模型的一种适当的抽象，使之能反映真实的地球模型的最基本构造。其反演的目标函数构造如下：

$$U = \| \partial m \|^2 + \mu^{-1}\{ \| Wd - WGm \|^2 - \chi_m^2 \} \quad (5-34)$$

其中，μ 是拉格朗日乘子，第一项是模型的粗糙度，第二项是拟合度。

根据上述目标函数，模型的修改量可写成如下迭代公式：

$$m_{k+1} = [\mu \partial^{\mathrm{T}} \partial + (WJ_k)^{\mathrm{T}} WJ_k]^{-1} \ (WJ_k)^{\mathrm{T}} Wd_k \quad (5-35)$$

其中，$d_k = d - F(m_k) + J_k m_k$，为数据拟合误差。

因此从原理上看，OCCAM 反演法不再是仅仅追求求取拟合误差最小的传统求解模式，而是在拉格朗日乘子直线上不断搜索靠近极值点的模型参数，其算法比较稳定。但是算法中要求求取雅克比偏导数矩阵。雅克比偏导数矩阵的优越程度直接影响着反演的速度与精度。对于一维模型，其雅克比偏导数矩阵的计算量还不太大，但是对于二维模型，其雅克比偏导数矩阵的计算量非常大。

为了解决计算雅克比偏导数矩阵所遇到的问题，Weerachai Siripunvaraporn 和 Gary Egbert 在 OCCAM 反演法的基础上提出了用压缩子空间法对模型空间进行压缩后再进行反演的方法，对 OCCAM 反演法进行了改进。他们提出了所谓的 REBOCC 方法，该方法的计算速度较快，对计算机内存的需求较小。但是值得注意的是，OCCAM 反演法认为地下介质是连续介质，因此在其结果中并没有明确的电性分界面，一般可认为反演电性剖面的拐点处是电性的分界面。

③二维广义逆反演法（2D-GMI）。

从原理上讲，二维广义逆反演法与一维广义逆反演法并无本质上的不同，只是其模型参数的数量会大大增加，其结果是模型参数雅克比偏导数矩阵阶数较大，致使对线性方程组的计算量也大幅度增加。因此在某种意义上来说，精确的二维反演由于其计算时间惊人而失去了实用价值。我们这里采用了快速松弛反演的思路，即二维反演是用逐点反演来进行的，但是正演采用二维有限元法进行正演计算电阻率或相位数据的残差。反演每迭代一次就正演一次，然后在测点上用一维广义逆反演法进行反演，用每个测点反演的电阻率构成二维地电断面。将前一次迭代反演的地电断面作为初始模型进行反复迭代，直至满足拟和精度。这种二维广义逆反演的优点是反演速度很快，通过较少的迭代次数就可以得到整个剖面的基本电性特征。

我们使用上述三种二维反演方法的经验表明，二维 OCCAM 反演法和二维广义逆反演法反演的电性剖面构造比较简单，反映的主要是区域构造的信息。而 RRI 反演法反演的浅部构造与深部构造都比较多，其整体区域构造的信息与二维 OCCAM 反演法基本相同。因此，在该地区的地质推断解释中，应通过比较三种反演方法结果选择适合工区的反演方法。

2. 资料整理

上交的资料经检查，必须完整、正确、清楚、整齐。

（1）野外工作资料，经过自检以及质检人员的全面验收合格后，方能提交室内进行内业资料整理。

（2）室内对记录中的图幅号、测点号、测点坐标进行 100％的复查，对野外输入数据进行各项计算时应进行100%的校对。

（3）所有计算、统计均要装订成册，并写上技术说明。

资料处理流程：资料处理主要使用SSMT2000、MTSoft2D系列软件对所采集的音频大地电磁测深资料进行处理。MTSoft2D是集MT、AMT、CSAMT数据去噪、平滑、静态校正、二维多方法多模式反演解释为一体的大地电磁资料处理平台。

3. 资料处理流程

AMT资料处理流程一般分为四个步骤，如图5－11所示，最终给出地质成果图（第五步），达到勘探的目的。

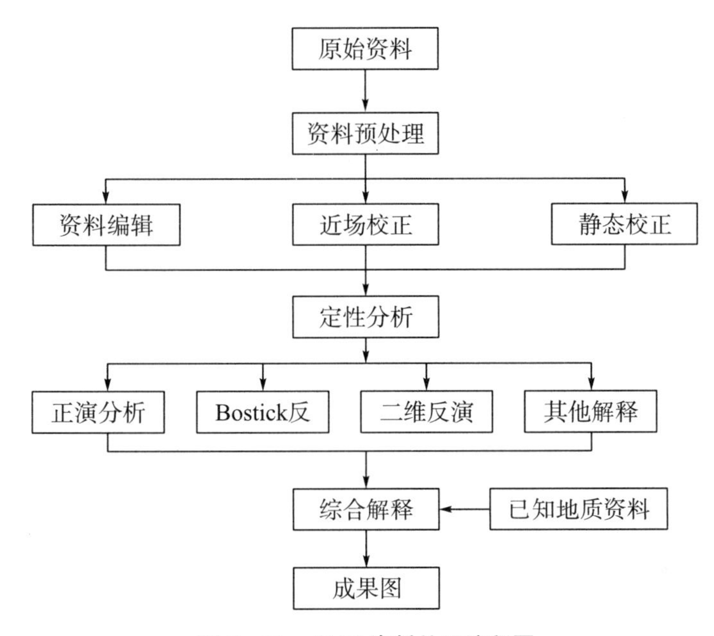

图5－11　AMT资料处理流程图

4. 资料处理

AMT是通过天然交变电磁场产生的天然场源在地面上进行观测，这种场源具有区域性乃至全球性的分布特征，是一种有效的勘探方法。众所周知，地球磁场的长周期变化、瞬时变化是它的两种基本类型。人们很早就开始研究这种变化，并将其应用在地质问题上。充分认识、了解这种天然瞬变电磁场源，能更好地利用它，并将其发展成为天然场源的电磁勘探方法。

然而AMT在观测中一般会存在各种噪声干扰和观测误差，更重要的是存在地表电性不均匀体的影响，使得野外施工采集的AMT资料有不同程度、不同性质的畸变。针对以上问题，在对野外采集的资料进行反演解释之前，必须对其进行预处理，从而提高反演解释的精确度和可靠程度。其资料处理主要包括资料的预处理、定性分析解释、定量分析解释。

（1）资料的预处理。

AMT资料的预处理主要包括曲线的编辑和平滑、曲线极化模式的识别、资料的静态校正等。

①曲线的编辑和平滑。

进行野外施工时，由于受各种干扰因素的影响，实测的电阻率和相位曲线光滑性差，存在畸变点，直接用于反演解释误差很大。因此，对这样的曲线必须经过编辑和平滑处理后才能进入下一步的处理工作。曲线的编辑和平滑是通过分析工区或相邻工区内已知的电性资料，以了解工区大致的电性结构，全面对比和分析其 MT 曲线特征。根据曲线的自身特点，对明显的离散频点进行平滑处理。平滑时参考相邻曲线，尽可能保留有规律的弱异常。因为电阻率和相位之间满足一定的对应关系，所以编辑过程中可相互参考。

②曲线极化模式的识别。

勘探区地下的地质构造都是二维或三维的，这使测得的不同方向的电阻率存在差异。为了使 AMT 资料整理起来更加方便，必须对其进行极化模式的识别，统一资料解释方向，使得实测的ρ_{xy}归位成ρ_{TE}或ρ_{TM}，ρ_{yx}归位成ρ_{TM}或ρ_{TE}。不同的电阻率曲线进行反演后得到的结果往往有很大的差别，因此，野外实测的纵向和横向电阻率曲线的识别、选择在实际应用中是很重要的，特别是地质构造复杂的地区，其畸变效应也非常复杂，这给识别、选择两种曲线带来了困难。对理论模型与实际应用进行研究的结果表明，ρ_{TE}和ρ_{TM}的识别方法主要有以下三种：

第一，依据区域地质构造来识别。中、低频的 AMT 资料有勘探深度大、范围广的特点，因此应该具有区域特征，当中、低频的电性主轴接近地质构造走向时，ρ_{xy}、ρ_{yx}分别为 TE 极化模式、TM 极化模式；相反地，当中、低频的电性主轴垂直于构造走向时，ρ_{yx}、ρ_{xy}分别为 TE 极化模式、TM 极化模式。

第二，依据电阻率曲线形态来识别。在纵向分辨能力上，TE 极化模式高于 TM 极化模式，因此在曲线形态上，电阻率曲线上的拐点数：ρ_{TE}大于ρ_{TM}。

第三，依据电阻率曲线沿剖面的变化特征识别。TM 极化模式受界面电荷的影响较大，是因为极化时电场与构造走向是垂直的。因此，沿剖面方向的变化ρ_{TM}大于ρ_{TE}，也就是高频成分多。

③资料的静态校正。

野外施工时的地质情况相对复杂，地表局部存在电性不均匀体，因此在 AMT 资料的采集中会出现很严重的静态效应现象，并且这种现象是不可预测的。所以，实测数据必须做静态效应校正，也就是静态校正。静态校正是整个测深资料处理中的一个重要环节，若校正不合理，会导致后续的 AMT 反演解释出现错误信息。

（2）资料的定性分析解释。

AMT 资料的定性分析解释在电磁法频率域勘探方法中是相对重要的一个环节，还可以作为评价 AMT 资料定量分析解释成果可靠性的有效方法。它根据不同的地质构造、电性分布特征，针对其对应的 AMT 响应规律，将 AMT 原始资料中的有效地质信息提取出来。这些信息能定性把握地下电性层分布特征、深部地电结构、地层起伏变化情况、断裂位置等，为后期的定量分析解释提供依据。资料的定性分析解释包含以下几个部分：

①曲线类型分析。

对实测电阻率曲线类型的分析、比较在AMT资料的定性分析解释中占有重要的位置。地下电性层的分布特征能通过曲线类型定性地反映出来，如电性层数、相对埋深以及电阻率在各个电性层之间的相对变化情况。尤其是对研究区内的电阻率—频率和相位—频率曲线类型进行分析、比较，可以划分出勘探区内的地质构造单元；同时可以对勘探区内地质构造的概念给出定性解释；还可以为选择和制定定量解释的步骤、方法及参数提供一定帮助，控制资料解释过程中出现的多解性问题，并大大提高地质解释的准确性。

②电阻率—频率拟断面图。

在AMT资料的定性分析解释过程中，形成的电阻率—频率拟断面图是最基础的一种图件：其横坐标为测线方向，给出了测点的位置以及点号；纵坐标是频率，用对数坐标来表示，自下而上频率逐渐变高。电阻率—频率拟断面图就是把各测点相应的频率对应的电阻率值绘制成等值线。

电阻率—频率拟断面图可以给出某剖面的最基本的电性分布结构特征，通过分析，可以了解测线上的电性分布、断层分布、电性层划分等断面特征。

③相位—频率拟断面图。

在AMT勘探中，实测天然电磁场中电场信号与磁场信号之间的相位差，称为相位参数。

不论电阻率是否存在静态效应的干扰，相位值是不会改变的，或者说，相位不受静态效应的影响。因此，可以利用相位—频率拟断面图来判断电阻率静态校正结果是否合理，这一点非常有价值。根据相位—频率拟断面图横向上的等值线变化，可定性给出地下地层的起伏变化特征以及断裂分布的位置，为后续的AMT资料的定量分析解释提供正确的依据。

（3）资料的定量分析解释。

AMT资料的定量分析解释主要包括反演方法的选择和反演模式的选择两部分。

①反演方法的选择。

反演方法可以有多种，这是由于给定了不同的初始模型或者在数据模拟计算过程中运用了不同的数学方法，各种反演方法在某些意义上可以得到多个不同的地电模型，但不是说所有的这些地电模型都有其确切的地质、地球物理意义，因此，根据掌握的地质资料和其他地球物理资料，在对反演成果解释时要舍弃那些不合理的地电模型。利用多种方法的相互佐证，选择在地质、地球物理上可以接受的模型，作为地质解释推断的依据。

②反演模式的选择。

AMT的极化模式有TE和TM两种，在进行资料反演的时，选择合理的极化模式，才能达到最佳的效果。在此，对AMT反演模式的选择进行分析，得到以下结论：

TM极化模式对表层结构比较敏感，而TE极化模式对深部结构更灵敏；TM极化模式对三维高导异常体的影响更加稳定，而TE极化模式对高导异常体的影响更加稳定；TM极化模式更易受静位移的影响，而TE极化模式受静位移的影响较小；TM极化模式主要产生电流型畸变，而 TE 极化模式主要产生感应性畸变；此外，TE 极化模式对浅层的低阻构造反应更好，但对高阻异常体有所压制，而 TM 极化模式对浅部高阻构造反应较为灵敏；当在 TE 和 TM 两种极化模式下都能拟合原始资料时，采用 TE 极化模式和 TM 极化模式的联合反演能更好地把握异常体电性的结构。

第四节　音频大地电磁测深成果解释

根据研究区音频大地电磁测深电性异常的基本特征，结合研究区的物性特征和地质资料，以电性二维反演电阻率剖面反演结果为主要依据，对本次采集的物探资料进行综合地质解释。

一、解释依据

（1）对本研究区的物性（主要是物性电性特征）特征进行详尽收集与研究，在此基础上得出本研究区地下目标层与围岩之间的电阻率差异。研究区岩石物性电性特征可分为以下几点：灰岩与玄武岩表现为高阻电性特征；凝灰岩、岩屑石英砂岩表现为中阻电性特征；砂岩与板岩则表现为低阻电性特征。

（2）对电性二维反演电阻率剖面所反映的电性目标体的深部地质构造及地质边界进行标定，同一地质体内部的测深曲线往往具有类似的变化特征，以此来建立电性体与目标体的关系模型，作为综合解释的重要依据。

（3）电阻率剖面等值线密集的垂向高低阻过渡带和相位低值异常的垂向错位，反映了断裂的存在，作为本次综合解释断层划定的依据。

（4）梭罗沟金矿属构热液型金矿床，矿体产于上三叠统曲嘎寺组的一套基性火山岩系，与近东西向的主干断裂（F1）存在依附关系。F1 断裂为研究区内集控矿、导矿、容矿于一体的主干断裂。在音频大地电磁测深法中，断层、接触带、破碎带电阻率的原始曲线形态表现为电阻率电性突变的线状界限、等值线发生严重畸变变形现象和等值线两侧出现明显错动现象，以此来确定断裂带与矿体依附的关系，是本次工作的解释依据。

二、东部研究区推断解释

图 5－12 为梭罗沟金矿 AMT 点位图。

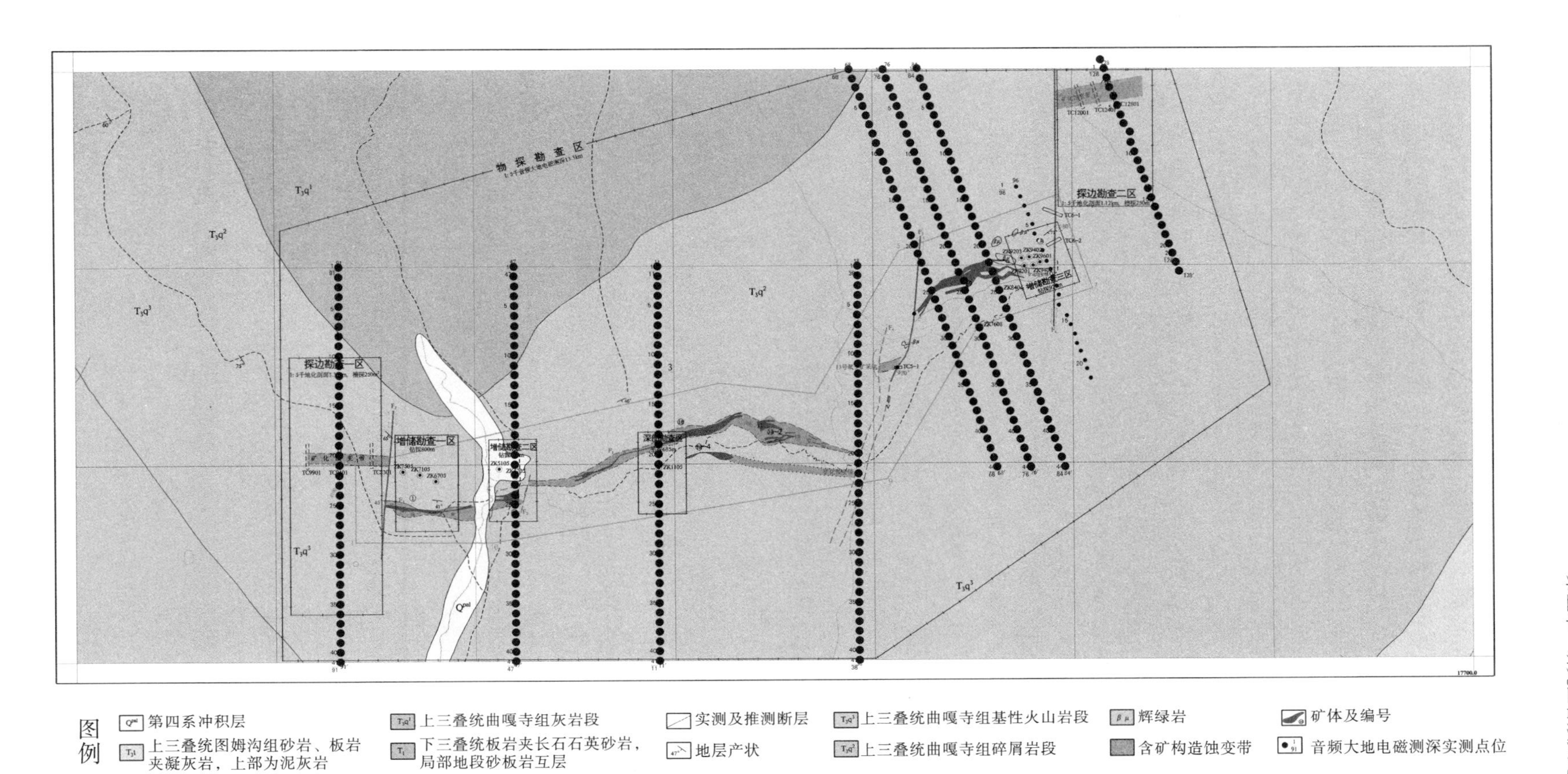

图5-12　梭罗沟金矿AMT点位图

东部研究区地表主要出露地层为三叠系曲嘎寺组二段第三亚段（T_3q^{2-3}）和第四亚段（T_3q^{2-4}），岩性主要为砂岩、砂质板岩，地表主要为第四系松散覆盖堆积物，并正常发育凝灰岩等基性火山岩。就目前已有的区域矿产资料，梭罗沟金矿属于甘孜—理塘成矿带南段，该地区的大多数金属矿床均与这套超基性火山岩有密切关系。梭罗沟金矿属构热液型金矿床，产于上三叠统曲嘎寺组一套基性火山岩系，岩性为碳酸盐化、绢云母化、钠长石化、黄铁矿化、毒砂矿化的蚀变基性凝灰岩和基性凝灰角砾岩、蚀变中基性火山岩。其矿化带受近东西向展布的构造断裂带（F1）控制，发育在砂板岩与凝灰岩过渡带的火山岩的一侧。

东部研究区内15号矿体是规模最大的矿体，现阶段工程控制的长度约为560 m，矿体倾向为320°～360°，倾角为48°～80°。矿体平面展布呈不规则的长透镜状，东段有分支现象，剖面形态总体呈上宽下窄、北陡南缓的漏斗状，矿化带主要发育在上三叠统曲嘎寺组的一套基性火山岩中。

在地质研究的基础上，选择在15号矿体上安排布置的3条平行剖面（图5－12）开展地球物理探测与深部成矿空间预测（其中P76剖面为试验剖面），剖面方位角为160°，垂直贯穿15号矿体，主要探查15号矿体的深部地质构造，探寻矿体的深部或隐伏第二成矿空间展布情况。测量结果表明，各测线上均存在强弱不等的电阻率异常。

P76剖面是本次进行音频大地电磁测深的试验剖面，其对研究15号矿体具有一定的指导意义。

P76剖面上各个不同的地质体（凝灰岩、砂板岩等）的电阻率值表现为不同的空间异常形态展布；在砂板岩体上形成不规则的低阻异常，电阻率数值多集中在200 Ω・m以下，凝灰岩体为主要的矿化带，其往往位于低阻带与高阻带之间的梯度变化带上，地质体浅部电阻率相对深部较高，依次向深部减弱，电阻率数值集中在300～800 Ω・m，表现为相对中阻的典型特征。在剖面北侧7号～15号测点地表处，表现为相对高阻异常，数值较大，结合地表地质踏勘工作结果，推测其主要为尾矿堆积区。

从P76剖面上可以看出，在剖面中部存在明显的相对中阻异常，推测其为主要的凝灰岩等基性火山岩矿化带；浅部倾角较陡，深部近似直立，推测该异常可能为矿体或由矿体引起，且其向深部展布形态较好，有较明显的第二成矿空间存在；该矿化体于21号～22号测点之间存在断层破碎带，电阻率表现为高低阻异常接触带，进一步论证了F1构造断裂带为本研究区主要的构造成矿带。

结合地质资料最后得出结论：P76勘探线主要位于15号矿体处，北西向垂直穿越15号矿体。P76勘探线上各个不同地质体（碎屑岩、灰岩与基性火山岩段等）的电阻率值表现为不同的空间异常形态展布；从P76剖面上可以看出，在剖面中部存在明显的相对中阻异常体，推测其为主要的构造破碎矿化带，其浅部倾角较陡，深部近似直立，推测该异常可能为矿体或由矿体引起，且向深部展布形态较好，有较明显的第二成矿空间存在（图5－13）。

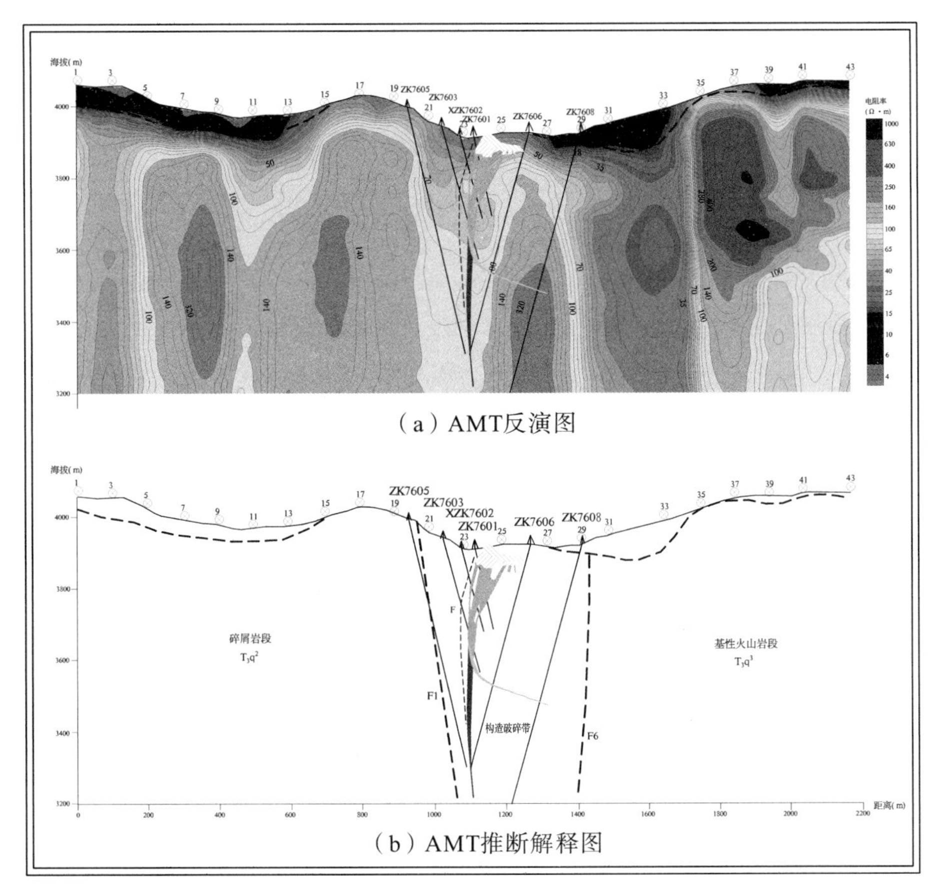

（a）AMT反演图

（b）AMT推断解释图

图 5－13　P76 **剖面综合解释图**

P68 剖面与 P84 剖面分别位于 P76 剖面两侧，剖面方位角为 160°，三者平面位置呈平行分布关系，剖面长度均为 2.12 km，使其能尽可能覆盖 15 号矿体所在的找矿控制区，形成较完整的整体平面型测网。三条测线形成的平面测网能查明 15 号矿体东西两侧边界及深部成矿空间，进一步圈定找矿有利部位，为初步评价研究区内的金矿化体等矿产资源提供基础资料。

与 P76 剖面进行对比分析可知，P68 剖面与 P84 剖面中部均存在相对中阻矿化异常带，产状较陡立，向深部均存在不同程度的延伸，表明 P68 剖面与 P84 剖面深部均存在不同形态的成矿空间，且矿化带位置均位于低阻带与高阻带之间的过渡带（或梯度带），与 P76 剖面对应较好（图 5－14、图 5－15）。

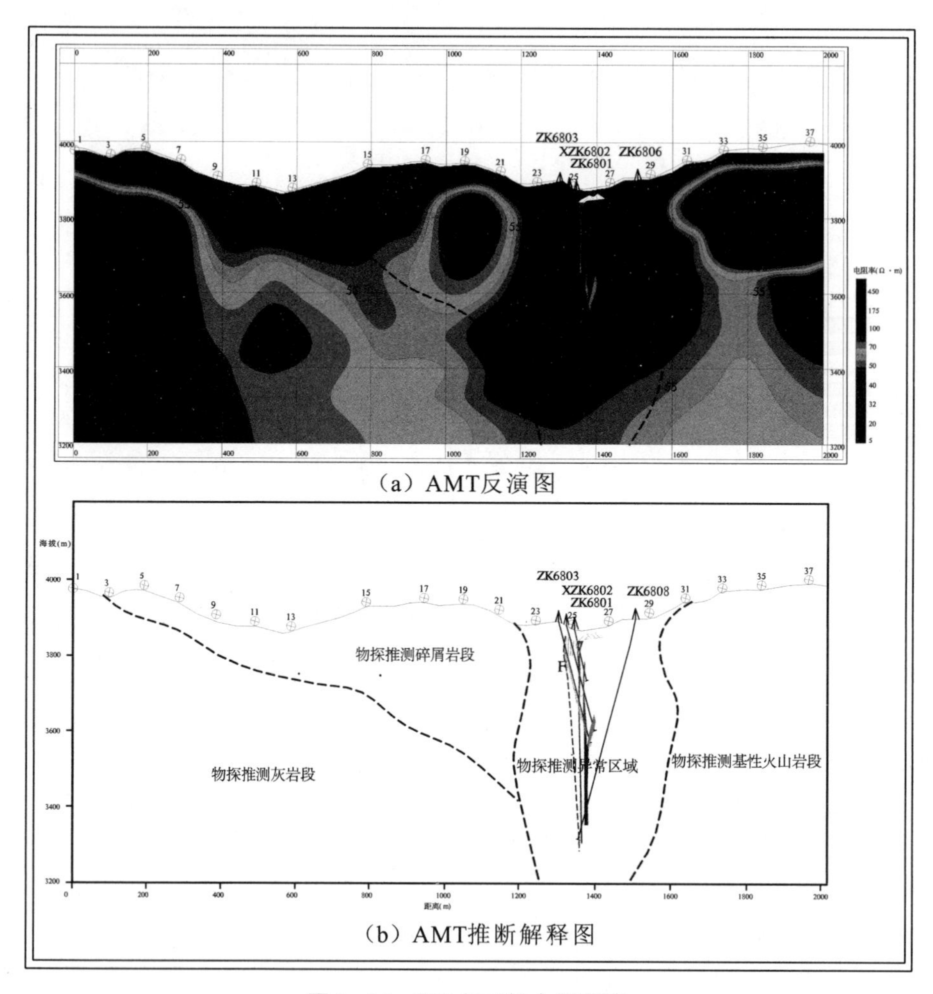

（a）AMT反演图

（b）AMT推断解释图

图 5－14　P68 **剖面综合解释图**

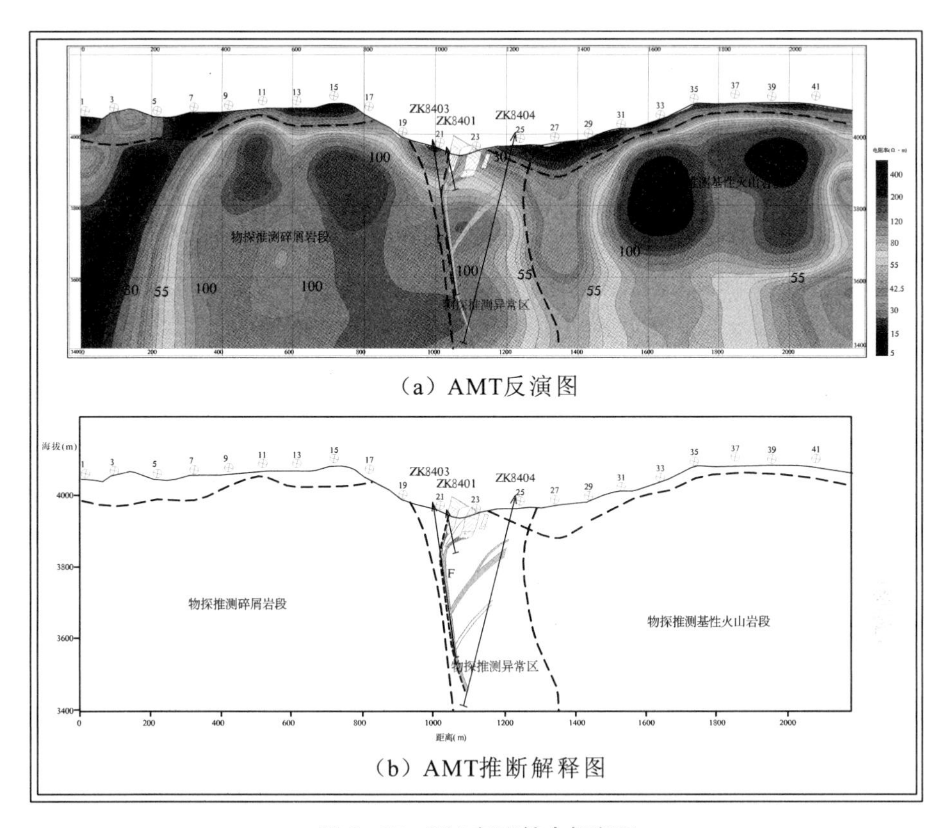

(a) AMT反演图

(b) AMT推断解释图

图 5－15　P84 **剖面综合解释图**

三、西部研究区推断解释

西部研究区地段地表主要出露地层为三叠系曲嘎寺组二段第三亚段（T_3q^{2-3}）和第四亚段（T_3q^{2-4}），岩性主要为砂岩、砂质板岩，地表主要为第四系松散覆盖堆积物，并正常发育凝灰岩等基性火山岩。

西部研究区内的 10 号矿体是规模最大的矿体，现阶段工程控制的长度约为 900 m，矿体向北或北北西倾，倾角为 65°～70°。矿体平面展布为中西段窄、向东变宽的长条脉状，剖面上呈总体向下变窄，尖灭、再现、侧现，或分支的脉状，矿化带主要发育在上三叠统曲嘎寺组的蚀变中基性火山岩与少量变质砂岩、板岩中。

西部研究区内矿体主体受 F1 断裂构造带控制，但与近南北向、北西向断层存在依附关系。其近南北向、北西向断层规模虽较小，但与北东向断层同为研究区成矿后的破矿构造，在成矿后活动比较明显。西部研究区东西向矿化蚀变带均被近南北向、北西向断层切错成四段。

在地质研究的基础上，选择在西部研究区布置 4 条平行剖面开展地球物理探测与深部成矿空间预测，剖面方位角为 180°，垂直贯穿西部研究区内存在的各个金矿体，剖面平面位置呈平行分布关系，剖面长度均为 2.0 km，使其尽可能覆盖西部找矿控制区，形成较完整的整体平面型测网（图 5－12）。主要探查西部研究区深部地质构造及东西向边界，探寻矿体深部第二成矿空间，进一步圈定找矿有利部位，为初步评价研究区内金矿化体等矿产资源提供基础资料。测量结果表明，各测线上均存在强弱不等的电阻率异常。

P11 剖面主要位于 1 号矿体中段，垂直贯穿 1 号矿体，对研究西部矿区有一定意义。

图 5-16 为 P11 剖面综合解释图。由图 5-16 可知，从横向上看，电阻率等值线呈现出局部不均匀块状分布，横向上表现为高—中—高的分布趋势，对应灰岩段、碎屑岩段和基性火山岩段。地面矿化体在电阻率等值线图上表现为相对低阻，其地表出露处表现为相对中阻的电性特征，但其在深部延伸中则表现为相对中高阻的电性特征；电阻率值在浅部约为 100 Ω · m，向深部延伸，电阻率数值不断变大。

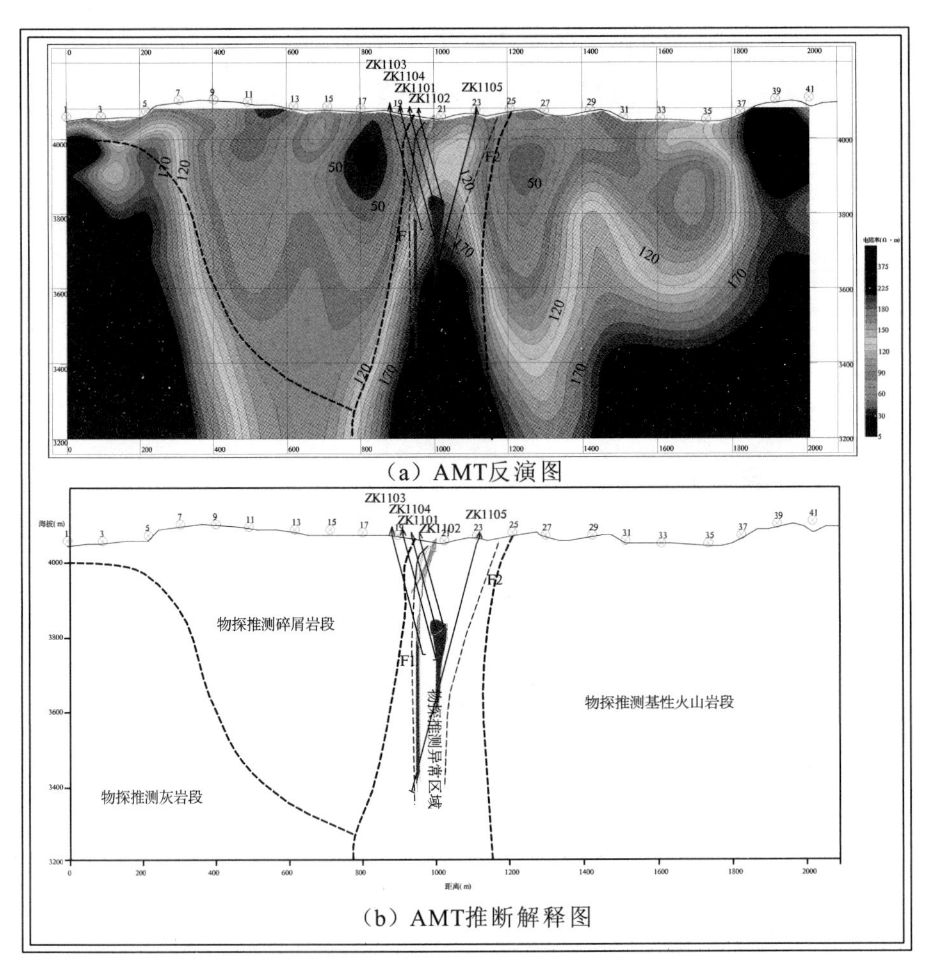

（a）AMT反演图

（b）AMT推断解释图

图 5-16　P11 剖面综合解释图

从纵向上分析，由于梭罗沟金矿主要受控于上三叠统曲嘎寺组的一套基性火山岩系，岩性为碳酸盐化、绢云母化、钠长石化、黄铁矿化、毒砂矿化的蚀变基性凝灰岩和基性凝灰角砾岩、蚀变中基性火山岩，其电阻率特征自地表向深部延伸，电阻率等值线表现为未封闭的脉状形态，在地表出露的金矿化体深部存在较大的中阻上涌空间，表明成矿热液沿 F1 构造断裂带通道上涌，此通道在音频大地电磁测深剖面上有较明显的反应。

P47 剖面位于 P11 剖面西侧，主要用于查明 10 号矿体深部第二地质成矿空间的展布形态情况。P47 音频大地电磁测深剖面表现为左右两侧存在局部电性变化特征（高阻—低阻—高阻的电性变化特征），推测是由剖面南北两侧的地层向中间挤压所造成的。

P47 剖面中部存在矿化体露头的现象，其电性特征表现为中阻，与研究区开采出来的矿石物性电性特征一致。从电性剖面纵向分布上看，其深部存在第二成矿空间，且产状陡立（图 5－17）。

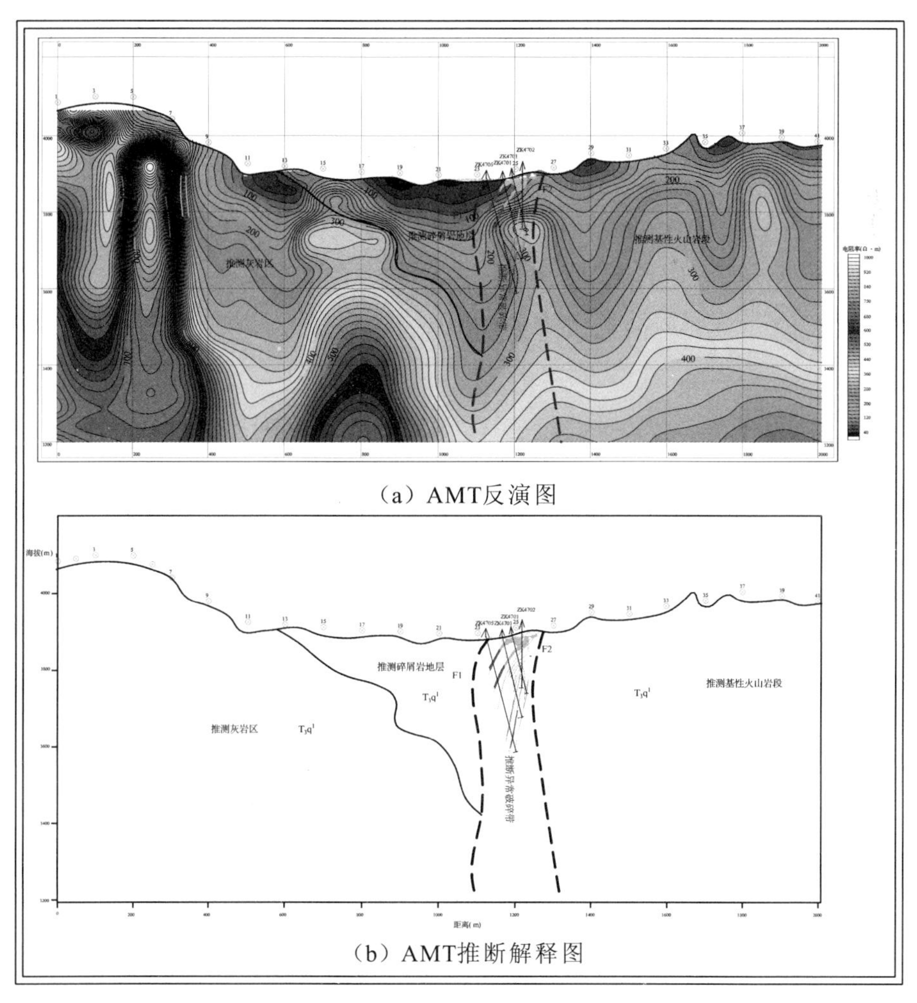

（a）AMT反演图

（b）AMT推断解释图

图 5－17　P47 **剖面综合解释图**

综上所述，梭罗沟金矿岩石物性电性参数主要有三个特征：玄武岩与灰岩呈现高阻电性特征；砂岩与板岩呈现低阻电性特征；矿化带所依存的凝灰岩这一套基性火山岩表现为相对中阻的电性特征。勘查清楚梭罗沟金矿岩石的物性电性特征，为下一步研究工作的开展奠定了基础。

综合东西部研究区音频大地电磁测深成果，可较清晰地反映梭罗沟金矿矿化带受近东西向展布的构造断裂带（F1）控制，其主要发育在砂板岩与凝灰岩过渡带的火山岩一侧；10号矿体边界向西侧延展，15号矿体向东侧延展；金矿化体在深部存在第二成矿空间，得到已有工程控制钻孔验证。音频大地电磁测深成果说明在本地区开展物探工作特别有效。

第六章　研究区重磁电工作

第一节　研究目的任务

研究人员通过重磁电工作，探测梭罗沟金矿 F1 构造断裂带的深部隐伏形态，圈定与 F1 构造断裂带成赋存关系的金矿体的平面成矿有利范围；在成矿有利部位布置激电测深、重磁精测剖面，探寻异常体深部的电性结构等地球物理特性；结合地质、钻孔等信息，在重磁电物探异常的基础上推测异常体深部的地质构造状况及地质边界，为深部风险勘查布置钻孔提供物探依据。

本次研究区的重磁电工作成果主要依据于 2019 年度四川省地质矿产勘查开发局在梭罗沟金矿区重磁电物探工作的成果得到。

第二节　研究区地球物理特征

一、标本的采集

岩（矿）石标本的采集依 1∶10000 地质图中各地质单元进行，各采集点依地质单元分布现状进行布设，以系统地统计研究区内的主要地层、岩体的密度、磁性及电性特征。

所采各类岩（矿）石标本均于野外现场进行规范、准确的地质描述和定名，每个标本亦依采样点顺序进行编号，同时记录标本块数、岩性、所属单元、采样时间、采样点平面坐标等内容。使用 GPS 记录标本采集点的坐标，同时在工作布置图上做标记。

采集各类岩（矿）石标本 321 块（表 6－1）。

表 6－1　标本采集统计表

地质单元	岩性	块数
T_3q^1	灰岩、大理岩化灰岩	27
T_3q^2	砂岩、石英岩、炭质板岩、板岩、砂质板岩、炭质板岩	52

续表6－1

地质单元	岩性	块数
T_3q^3	凝灰岩、辉绿岩、玄武岩、蚀变基性火山岩、煌斑岩	242
合计		321

各类岩（矿）石之间的物性差异是物探工作的物质基础，进行物探工作是了解区内地球物理场分布特征和对物探异常进行解释推断的必要条件。为此，为了合理解释异常，为异常解释提供依据，根据研究区内地层的出露情况（初步踏勘成果）选择地层出露较好的地方采集标本，本次标本采集的地质单元均为 T_3q，共采集到标本 321 块。本次标本采集统计见表 6－2。

表 6－2　**标本采集统计表**

序号	岩性	地质代号	标本数	备注
1	灰岩、大理岩化灰岩	T_3q^1	27	
2	板岩、砂质板岩、炭质板岩	T_3q^2	30	
3	砂岩	T_3q^2	13	
4	石英岩	T_3q^2	9	
5	辉绿岩	T_3q^3	56	
6	断层角砾岩	T_3q^3	15	
7	凝灰岩、硅化凝灰岩	T_3q^3	94	
8	角砾凝灰岩	T_3q^3	34	
9	蚀变基性火山岩	T_3q^3	15	
10	玄武岩	T_3q^3	15	
11	凝灰岩、煌斑岩	T_3q^3	13	ZK11405

本次野外采集的标本覆盖了研究区内出露地层的主要岩性。标本在采集切割后进行电阻率、密度和磁性的测定工作。在此基础上对所得数据按照岩性进行统计分析。本次工作采集的标本的物性数据（电阻率、密度、磁化率和剩磁强度）能够充分反映研究区所有地层岩性的地球物理特征。

各地质单元岩石密度值、磁性参数及电性参数计算方法：采用算术平均值的方法进行计算统计。

二、电性特征

本次标本的电性特征测量采用强迫电流法。通电且电流稳定后，记录下标本的极化率 η 以及标本两端的电势差 U、电流 I，同时测量并记录标本的长度 L 和截面积 S，根据电阻率公式

$$\rho=\frac{U}{I}\cdot\frac{S}{L} \tag{6-1}$$

即可算出标本的电阻率 ρ。

已知各类岩（矿）石之间的物性差异是物探工作的物质基础，进行物探工作是了解区内地球物理场分布特征和对物探异常进行解释推断的必要条件，因此，为了合理解释异常，为异常解释提供依据，本次解释工作首先分析了 2018 年度物探工作中岩石地层的物性统计数据。根据研究区内地层的出露情况（初步踏勘成果）选择地层出露较好的地方采集物性标本。

经过测量和计算，标本电阻率统计结果见表 6－3 和图 6－1。

表 6－3　标本电阻率的测定结果统计

序号	岩性	电阻率（Ω·m）			标本块数	备注
		最大值	最小值	平均值		
1	玄武岩	13721	803	4256	13	
2	砂岩	1833	873	1320	3	
3	碎屑岩	4678	157	1379	20	
4	凝灰岩	12622	296	2526	34	
5	灰岩	9358	1445	5320	11	
6	岩屑石英砂岩	3287	1826	2367	3	

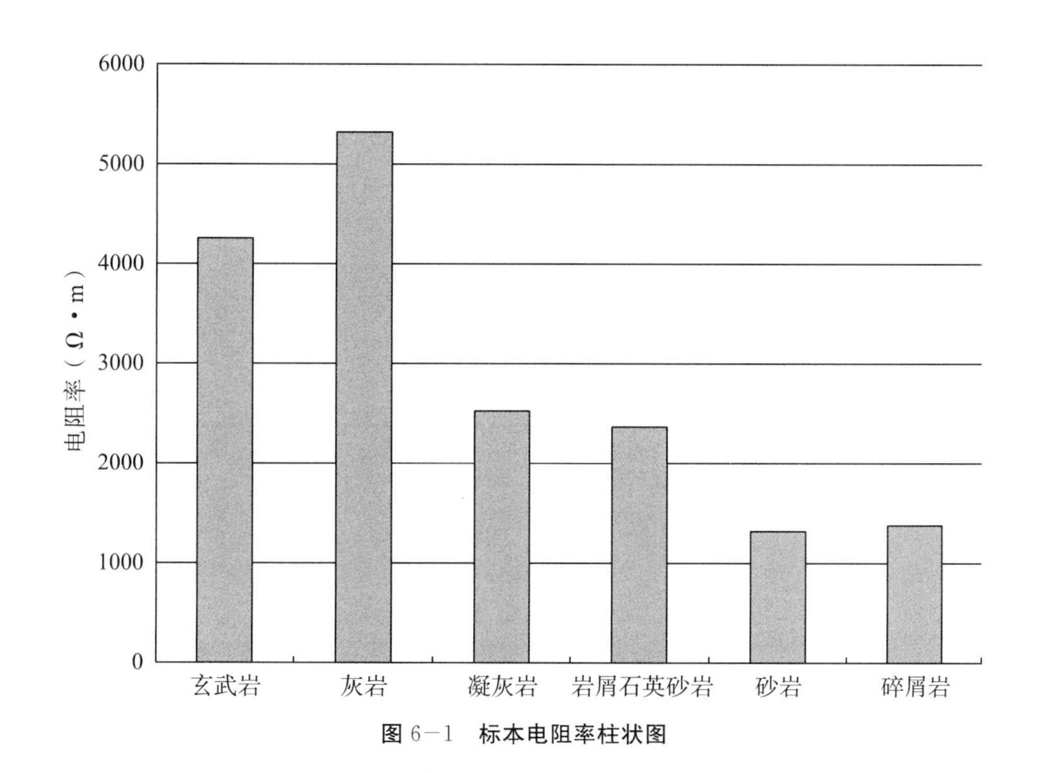

图 6－1　标本电阻率柱状图

由表 6－3、图 6－1 可知标本的电阻率有如下特征：

（1）电阻率：以灰岩和玄武岩最高，其值多大为 4000 Ω·m；凝灰岩与岩屑石英砂岩表现为相对中阻的电性特征，电阻率值集中在 2000～3000 Ω·m；砂岩与碎屑岩则表现为相对低阻的电性特征，其值在 1500 Ω·m 以下。

（2）研究区的原生金矿体（岩性主要为碳酸盐化、绢云母化、钠长石化、黄铁矿化、毒砂矿化的蚀变基性凝灰岩和基性凝灰角砾岩、蚀变中基性火山岩）的电性特征表现为相对中阻，灰岩、玄武岩（围岩）表现为高阻，砂岩（围岩）表现为低阻。

通过普查研究区岩石、地层的电性特征，得出如下结论：

（1）研究区内金属矿物的富集分布在时间和空间上均有较大差异，所以研究区内不同采集地点的岩（矿）石在电阻率上存在差别；岩石中金属矿物的含量普遍不均匀，不同地区同种岩石金属矿物含量（表现的物理性质）差异较大，这是由于成矿热液的侵入环境不同或经历不同期次构造作用引起的。

（2）根据研究区岩石、地层的电性特征，模拟建立电性断面模型：第四系或岩石破碎带为低阻；基性凝灰岩、基性凝灰角砾岩、蚀变中基性火山岩主要分布在 F1 构造断裂带附近，表现为中阻（主要的金矿载体）；围岩（灰岩、玄武岩）表现为高阻。原生金矿体与围岩具有明显的电性特征差异，这是本次工作开展综合解释的物性基础。

本次共测定有效标本 321 块，均在无水状态下测定，质检标本 33 块，检查比例为 10.3%，平均相对误差为 14.7%，检查比例及误差符合相关规范要求。各标本电性特征的测定结果统计见表 6－4、图 6－2。

表 6－4　标本电性特征的测定结果统计

序号	岩石名称	岩层代号	标本块数	ρ（Ω·m）		η（%）		备注
				变化范围	平均值	变化范围	平均值	
1	灰岩、大理岩化灰岩	T_3q^1	27	1967.9～53623.8	17873.4	0.1～5.4	1.6	
2	板岩、砂质板岩、炭质板岩	T_3q^2	30	816.7～21833.5	7000.3	1.7～12.4	4.8	
3	砂岩	T_3q^2	13	1269.7～2751.0	1855.3	1.2～2.1	1.6	
4	石英岩	T_3q^2	9	4982.7～17081.5	12306.8	1.4～2.7	2.1	
5	断层角砾岩	T_3q^2	15	16650.8～64149.8	45889.0	5.2～11.1	7.3	
6	辉绿岩	T_3q^3	56	2213.4～33709.1	11400.0	0.3～7.6	1.4	
7	凝灰岩、硅化凝灰岩	T_3q^3	94	247.0～54492.5	9964.1	0.1～19	4.9	
8	角砾凝灰岩	T_3q^3	34	8559.3～34944.5	17643.2	0.4～11.9	2.7	
9	蚀变基性火山岩	T_3q^3	15	562.7～7558.7	3598.6	0.2～6.0	1.8	
10	玄武岩	T_3q^3	15	329.3～2171.1	983.6	1.0～1.9	1.4	
11	凝灰岩、煌斑岩	T_3q^3	13	331.9～4131.6	2271.2	0.3～5.4	2.0	ZK11405

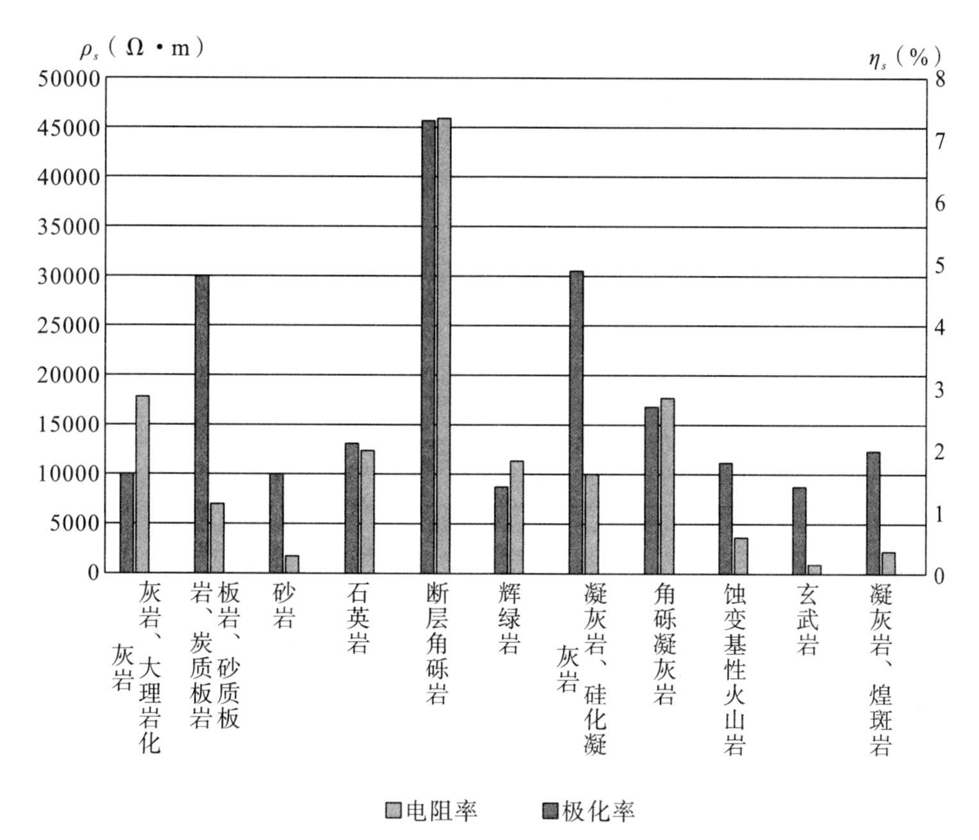

图 6-2　标本电性特征柱状图

由表 6-4、图 6-2 可知标本的电性有如下特征：

(1) 断层角砾岩表现为相对高阻、高极化的电性特征。

(2) 灰岩、大理岩化灰岩、角砾凝灰岩表现为相对中高阻、中低极化的电性特征，板岩、砂质板岩、炭质板岩、凝灰岩、硅化凝灰岩表现为中阻、相对高极化的电性特征，辉绿岩、石英岩表现为相对中阻、低极化的电性特征。

(3) 砂岩、蚀变基性火山岩、玄武岩表现为相对低阻、低极化的电性特点。

研究区内金属矿物的富集分布在时间和空间上均有较大差异，所以研究区内不同采集地点的岩（矿）石电性特征存在差别；岩石中金属矿物含量普遍不均匀，不同地区同种岩石金属矿物含量差异较大，这是由于成矿热液的侵入环境不同或经历不同构造期次引起的。

三、重力密度特征

所采各类岩（矿）石标本的密度均使用电子比重计（MD-300S 型，日本产）分多批次进行测定。测定前，岩（矿）石标本均浸泡 10 h 以上，测定时仪器自动记录标本在空气中及水中的重量并自动计算标本的密度值。

共测定有效标本 321 块，质检标本 33 块，检查比例为 10.3%，测定精度为 ±0.007 g/cm^3（要求检查比例不少于 10%，均方误差不大于 ±0.010 g/cm^3），符合相关规范要求。各标本密度的测定结果统计见表6—5、图6—3。

表6—5 标本密度的测定结果统计

序号	岩石名称	岩层代号	标本块数	变化范围（g/cm³）	平均值（g/cm³）	备注
1	灰岩、大理岩化灰岩	T_3q^1	27	2.600～2.742	2.674	
2	板岩、砂质板岩、炭质板岩	T_3q^2	30	2.701～2.965	2.740	
3	砂岩	T_3q^2	13	2.651～2.684	2.666	
4	石英岩	T_3q^2	9	2.469～2.632	2.591	
5	断层角砾岩	T_3q^3	15	2.834～3.056	2.965	
6	辉绿岩	T_3q^3	56	2.754～2.906	2.815	
7	凝灰岩、硅化凝灰岩	T_3q^3	94	2.638～3.040	2.899	
8	角砾凝灰岩	T_3q^3	34	2.633～2.970	2.848	
9	蚀变基性火山岩	T_3q^3	15	2.615～2.849	2.779	
10	玄武岩	T_3q^3	15	2.708～2.781	2.744	
11	凝灰岩、煌斑岩	T_3q^3	13	2.717～3.000	2.850	ZK11405

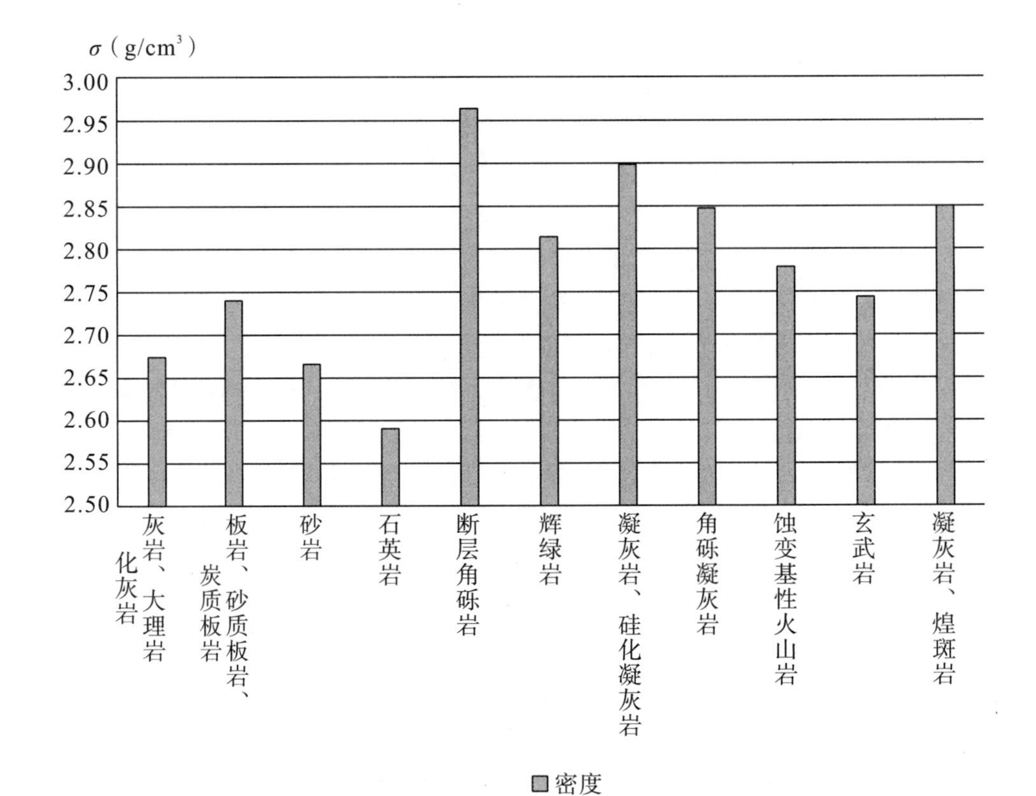

图6—3 标本密度柱状图

由表6—5、图6—3可知标本的密度有如下特征：

（1）辉绿岩表现为高密度特征。

（2）凝灰岩、硅化凝灰岩、断层角砾岩、蚀变基性火山岩等基性岩表现为中高密度特征，为本次工作的目标岩体。

（3）玄武岩、板岩、砂质板岩、炭质板岩等表现为中密度特征。

（4）灰岩、大理岩化灰岩、砂岩及石英岩则表现为低密度特征。

（5）T_3q^1、T_3q^2地层岩石的密度值小于T_3q^3地层岩石的密度值，T_3q^1、T_3q^2地层岩石之间的密度差异相对较小，难以从重力异常上加以区分。由于T_3q^2和T_3q^3呈断裂接触关系，故布格重力异常图以及水平梯度图上的梯级带是断裂的响应，同时由于T_3q^3地层内各岩石之间的密度有差异，部分梯级带是不同亚段的分界线的响应。

四、磁性特征

标本磁参数的测定选在当地较稳定且无人为干扰的磁场区进行，使用PMG-1质子型磁力仪，以高斯第一位置总场方式进行。

具体测定方法：首先固定磁力仪，在磁力仪北侧立好标本架，调节放置标本板，使其倾角与当地地磁倾角相等，倾向朝北。标本盒中心与探头中心距离为15～32 cm。然后分别测出放标本前后的检查读数和标本六个面读数，标本体积采用排水法进行测定。根据每块标本的测量结果计算岩（矿）石标本的磁化率（k）和剩余磁化强度（J_r）。共测定有效标本321块，检查测量33块，质检比例为10.3%，符合相关规范质检比例不少于10%的要求。其中，磁化率测量平均相对误差为16.7%，剩余磁化强度测量平均相对误差为16.4%，符合相关规范的相对误差不大于20%的要求。各标本磁性的测定结果统计见表6—6、图6—4。

表6—6 标本磁性的测定结果统计

序号	岩石名称	岩层代号	标本块数	磁化率 k（$10^{-6}\times4\pi$SI）		剩磁 J_r（10^{-3} A/m）		备注
				变化范围	平均值	变化范围	平均值	
1	灰岩、大理岩化灰岩	T_3q^1	27	2.73～44.80	21.02	2.62～17.96	7.79	
2	板岩、砂质板岩、炭质板岩	T_3q^2	30	4.82～69.09	26.53	1.23～10.23	4.92	
3	砂岩	T_3q^2	13	11.78～41.38	22.94	0.61～16.47	7.67	
4	石英岩	T_3q^2	9	5.05～23.44	15.41	2.65～10.56	5.87	
5	辉绿岩	T_3q^3	56	13.38～2536.91	358.65	1.71～2160.79	156.78	
6	断层角砾岩	T_3q^3	15	17.57～57.47	34.78	1.53～11.64	5.71	
7	凝灰岩、硅化凝灰岩	T_3q^3	94	7.91～130.91	46.55	2.02～15.36	5.98	

续表6－6

序号	岩石名称	岩层代号	标本块数	磁化率 k（$10^{-6}\times4\pi$SI）		剩磁 J_r（10^{-3} A/m）		备注
				变化范围	平均值	变化范围	平均值	
8	角砾凝灰岩	T_3q^3	34	11.43～130.91	76.69	1.78～15.36	7.33	
9	蚀变基性火山岩	T_3q^3	15	24.65～85.01	55.66	1.39～12.27	5.11	
10	玄武岩	T_3q^3	15	21.76～68.40	42.97	1.67～9.00	4.40	
111	凝灰岩、煌斑岩	T_3q^3	13	23.52～2042.27	215.61	3.89～84.07	16.98	ZK11405

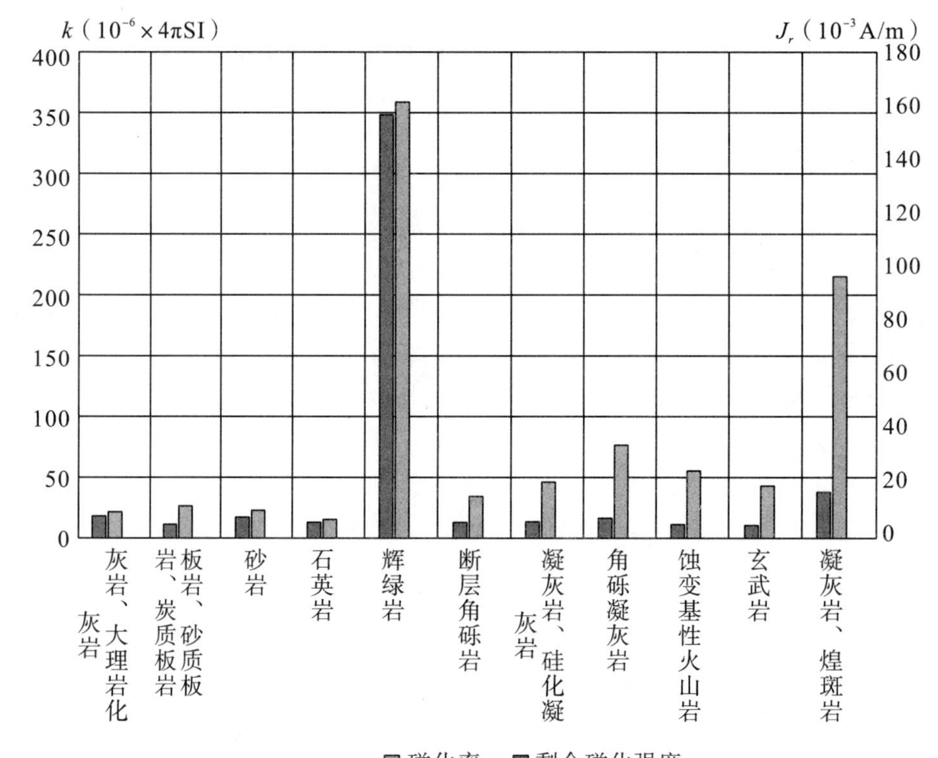

图6－4　标本磁性柱状图

由表6－6和图6－4可知标本的磁性有如下特征：

（1）研究区岩（矿）石标本磁性普遍不强，且以感磁为主，磁化率（$10^{-6}\times4\pi$SI）幅值均小于400，除辉绿岩和凝灰岩、煌斑岩外，大部分岩石磁化率均小于100。除辉绿岩剩余磁化强度（10^{-3} A/m）较强外，其余岩石剩余磁化强度幅值均小于20。

（2）T_3q^3地层中辉绿岩磁性最强，感磁、剩余磁化强度均是最高的。

（3）T_3q^3地层中的凝灰岩、煌斑岩以及蚀变基性火山岩、玄武岩等磁化率次之。在该套地层中出现的幅值较大的负磁异常，推测由后期构造运动导致剩余磁化方向与感磁方向有较大的夹角引起。

（4）其余岩石如砂岩、板岩、砂质板岩、炭质板岩及灰岩、大理岩化灰岩等表现为弱磁性变化特征。

（5）总体来说，T_3q^3地层各类岩石磁性强于T_3q^1、T_3q^2，由于后期构造运动复杂，用地磁等值线的疏密程度表征断裂构造的走向。

（6）局部团块状磁异常可能由小型的岩脉和地表工程施工所引起。

第三节　工作方法和主要技术

一、执行标准

本研究使用的物探工作方法和主要技术要求按照现行的相关行业技术规范、规程与标准执行。即：

《物化探工程测量规范》（DZ/T 0153—2014）。

《全球定位系统实时动态测量（RTK）技术规范》（CH/T 2009—2010）。

《地球物理勘查技术符号》（GB/T 14499—1993）。

《地球物理勘查图图式图例及用色标准》（DZ/T 0069—1993）。

《地面高精度磁测技术规程》（DZ/T 0071—1993）。

《大比例尺重力勘查规范》（DZ/T 0171—2017）。

《时间域激发极化法技术规程》（DZ/T 0070—2016）。

二、工作方法和主要技术

（一）测地定点工作

1. 测网布设

（1）地形图。

由于测网布设的需要，研究人员收集了 1∶50000 地形图及部分外围图。

（2）坐标系统和高程系统。

研究区位于高斯 6 度投影带第 18 带，中央子午线为东经 105°，平面坐标系采用 1954 年北京坐标系，投影面为参考椭球体；高程系统采用 1985 国家高程基准。

（3）1∶10000 测网及剖面布置。

1∶10000 扫面按规则网形式布置测点，测线方位为 0°，线距为 100 m，点距为 40 m。测线按西小东大编号，100 至 226；测点按南小北大编号，100 至 266。

（4）1∶5000 剖面布置。

1∶5000 剖面方位角为 0°，点距为 20 m。布置剖面 4 条，编号分别为 P76、P91、P128、P144，剖面总长度为 5.4 km。测点按南小北大编号。

2. 仪器

测量仪器使用中海达公司生产的 V30 型 GPS 接收机。工作前，将接收机送往四川省测绘计量检定站进行检定，3 台 GPS 接收机检定结论均为合格。

3. 测点定位观测

工作前，从木里县容大矿业有限责任公司收集到5个测量控制点，其资料内容包括1954年北京坐标系和1985国家高程基准。

已知控制点集中分布在研究区中心偏南地带，因此，野外工作中，根据工作需要采用GPS-RTK方式建立4个加密控制点，以满足GPS定点工作的需要。

采用GPS-RTK方式进行测点观测。具体作业时，每天将基准站架设在方便设站、点位较高且尽量开阔的点上，避开高压电线、大面积水域等干扰。GPS-RTK测量仪需在1个控制点上进行检查，合格后即开展测点观测。基准站采用任意点架设的方式时，设站后需要采用点校验的方法在1个控制点上进行校验（图6－5）。

（a）基准站架设

（b）测点放样

图6－5 GPS-RTK测点放样

（二）重力工作

本次高精度重力测量使用了2台加拿大产CG-5型重力仪。

1. 重力仪调试

（1）重力仪检查与调节。

项目开工前及每月都应对重力仪倾斜传感器的倾斜偏移量和倾斜灵敏度进行检查和调节，并对其弹性系统进行漂移（DRIFT）检查和调整，调节时间和结果符合项目工作方案及规范的要求。

重力仪漂移（DRIFT）试验采用仪器自动读数的方式进行，试验时间均超过12小时，读数时间间隔为5分钟。经固体潮改正后绘制的重力仪静态漂移曲线线性度良好（图6－6与图6－7），通过曲线斜率法计算的重力仪漂移值是准确可靠的。

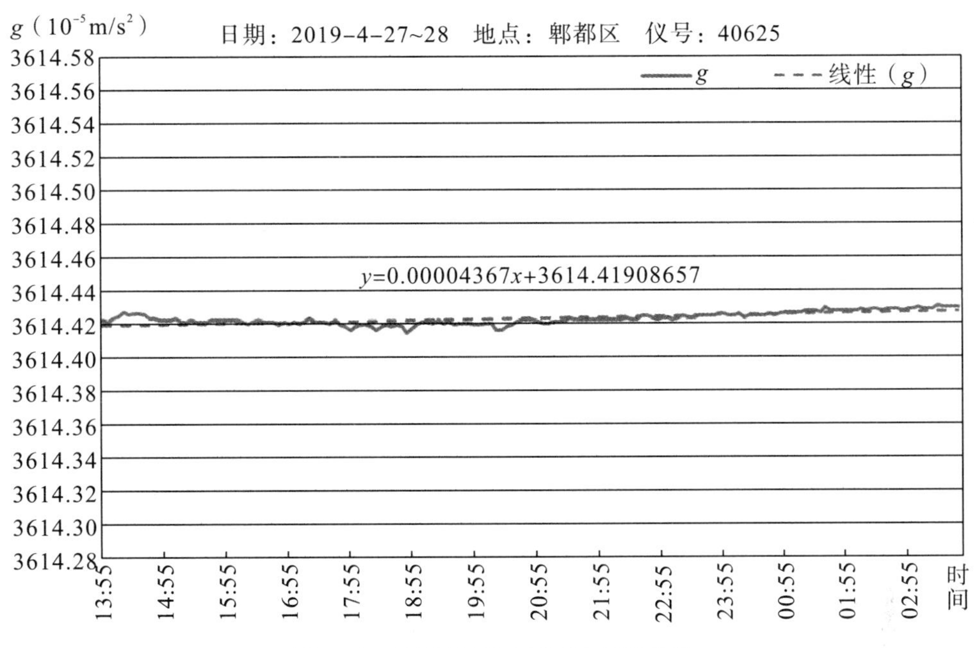

图 6－6　40625 号重力仪静态漂移曲线

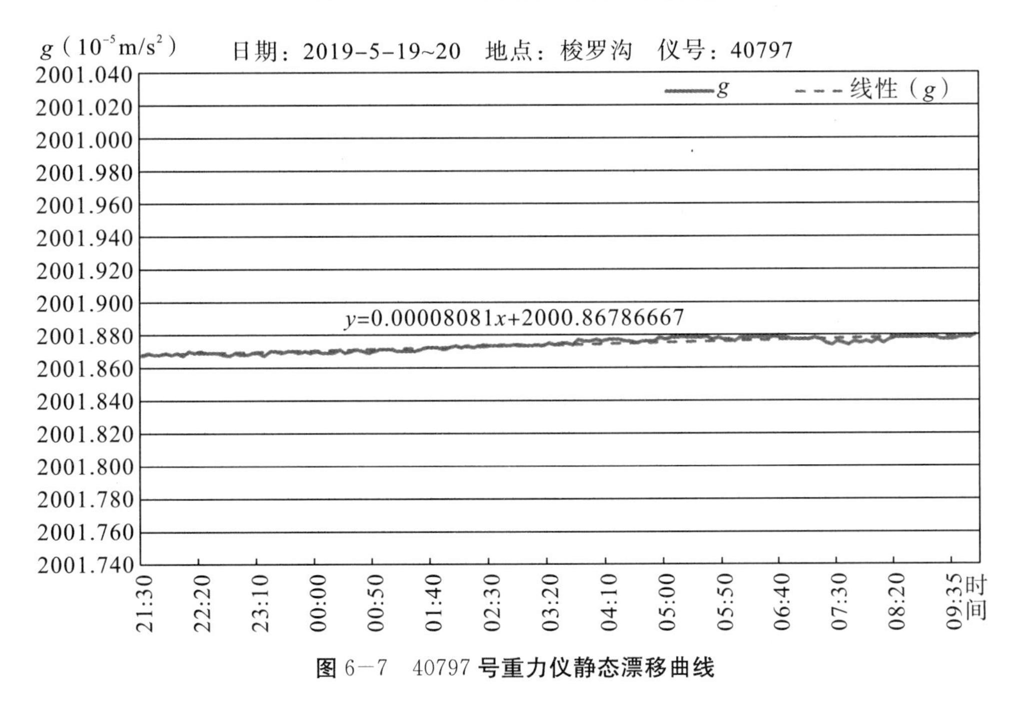

图 6－7　40797 号重力仪静态漂移曲线

（2）重力仪格值（校正系数）标定。

项目开工前，收集 40625 号、40797 号重力仪格值校正系数标定资料。两台重力仪均在成都国家重力基本点（引点）—昆明国家重力基准点两点间（长基线）采用双程往返重复观测法各进行两次独立观测，两台重力仪的独立增量互差均未超过相关规范不大于 0.040×10^{-5} m/s² 的要求，重力仪格值校正系数标定相对均方误差均小于 1/5000，符合项目工作方案及规范要求（表 6－7）。

表 6-7　重力仪格值校正系数表

仪号	标定日期	独立增量数	独立增量互差	标定精度	格值校正系数
40625	2015-3-11、2015-3-12	2	0.010	1/152491	1.0000271
40797	2017-4-11、2017-4-12	2	0.004	1/184842	0.9997548

（3）重力仪性能试验。

①静态试验。

项目开工前、收工后对两台重力仪进行了静态试验，选择在相对稳定和安静的室内进行，温度变化较小，试验时间为 24 小时。CG-5 型重力仪开机后自动存数，间隔时间为 5 分钟，静态掉格率较小 [$-0.2\times10^{-5}\sim1.4\times10^{-5}$ m/(s^2·h)]。经固体潮改正后得到的重力仪静态零点位移曲线呈线性变化，符合相关规范和设计要求。

②动态试验。

项目开工前、收工后对两台重力仪进行了动态试验，设置试验点 2 个，试验点间重力值变化均大于 3×10^{-5} m/s^2，试验点间单程观测时间间隔一般不超过 20 分钟，试验时间大于 10 小时。经固体潮改正后得到的重力仪动态零点位移曲线无大的突掉，仪器动态性能良好。

③一致性试验。

项目开工前、收工后对两台重力仪进行了一致性试验，试验点数不少于 15 个，相邻点间的重力值变化一般应大于或等于 1×10^{-5} m/s^2，采用往返观测法进行观测。经固体潮改正、零点位移改正后绘制的一致性试验曲线表明，两台仪器一致性良好。

开工前、收工后单台重力仪的一致性均方误差分别为 $\pm0.0038\times10^{-5}$ m/s^2、$\pm0.0035\times10^{-5}$ m/s^2（要求不超过 $\pm0.035\times10^{-5}$ m/s^2），多台重力仪一致性均方误差分别为 $\pm0.0053\times10^{-5}$ m/s^2、$\pm0.0048\times10^{-5}$ m/s^2（要求不超过 $\pm0.069\times10^{-5}$ m/s^2），符合项目工作方案及相关规范的要求。

2. 重力基点联测

（1）重力总基点的选择。

根据研究区的地形、交通条件合理选择总基点。重力总基点选择在木里县容大矿业有限责任公司板房前的水泥台阶上，地基稳固，周围无策动源，近期不被占用，附近地形和其他引力质近期内不会有较大变化，利于长期保存和使用。

（2）基点联测。

本次重力工作未布设重力基点网，因此总基点未和基点（网）联测。

3. 重力野外测点观测

重力野外测点观测采用起止闭合于基点即“基—测—基”的单程观测法。

每日出工前应对重力仪进行检查，基点有效读数为 3 次，测点上有效读数为 2 次。早基按“基点—辅助点—基点”的方式检查重力仪工作状态，基点上前后两次读数时间间隔均超过 6 分钟，相邻两次读数差不大于 $\pm0.005\times10^{-5}$ m/s^2，同一组最大读数与最小读数差不大于 $\pm0.010\times10^{-5}$ m/s^2，相邻两组基点平均读数差小于 0.020×10^{-5} m/s^2。观测途中无长时间停顿，晚基在返回基点时立即读数，避免仪器由于静态掉格影响闭合差及观测精度。野外观测时，重力仪底盘平面与高程测量点的高度基本一致。

1∶10000 重力扫面工作，闭合时间为 5.0～13.2 小时，均为当天闭合。合格闭合段有 57 个，闭合段零点位移值最大为-0.161×10^{-5} m/s^2；不合格闭合段有 1 个，其闭合段零点位移值为 414×10^{-5} m/s^2，超过设计观测均方误差的 3 倍（0.208×10^{-5} m/s^2）。

1∶5000 重力扫面工作，闭合时间为 8.0～11.0 小时，均为当天闭合。闭合段 6 个全部合格，闭合段零点位移值最大为 0.077×10^{-5} m/s^2，不超过设计观测均方误差的 3 倍（0.208×10^{-5} m/s^2）。

所有重力观测及其记录都以固定的电子格式保存，同时将测点记录原始数据以纸质版形式打印保存。

4. 野外近区地形改正

近区（0～20 m）地形改正在野外现场进行，使用便携式激光测距仪进行实测，按图域方法分两环（0 m—10 m—20 m）八方位进行观测。操作员使用仪器测出地改节点到重力测点的距离，然后记录下该节点相对于重力测点 0～10 m、10～20 m 的坡度角，内业根据野外所测得的各节点高度计算地形改正值。

5. 重力资料整理

本次重力调查结果按“五统一”技术要求进行重力资料整理，即统一采用 2000 国家重力基本网系统，统一采用 1954 年北京坐标系和 1985 国家高程基准，统一采用国际大地测量学协会（IAG）推荐的 1980 年公式计算正常重力值，统一采用规范中规定的公式进行布格改正和中间层改正，密度统一采用 2.67×10^3 kg/m^3；远区最大地改半径为 2 km。

（1）测点平面坐标和高程计算。

平面坐标采用 1954 年北京坐标系，以总基点为基准，重力测点高程异常改正模型利用 GPS 控制网获得，将 GPS 测得的大地高转换为 1985 国家高程基准的高程值。高程转换的基本数学模型如下：

$$H_{正常}=H_{大地}-H_i \tag{6-2}$$

式中：H_i——大地高 H（大地）与正常高 H（正常）之间的差值，即高程异常值。

（2）重力测点重力值计算。

实测重力值计算公式如下：

$$\Delta g_{观}=G_1+C(S_i-S_1)-[C(S_2-S_1)-(G_2-G_1)]\times\frac{T_i-T_1}{T_2-T_1} \tag{6-3}$$

式中：C——重力仪比例因子；

G_1、G_2——早、晚基点的重力值；

S_1、T_1——早基上的重力值、观测时间；

S_2、T_2——晚基上的重力值、观测时间；

S_i、T_i——第 i 个测点上的重力值、观测时间。

（3）重力测点地形改正。

①近区（0～20 m）地改。

按设计要求，近区地改半径为 20 m，在野外进行实地观测。测量时使用徕卡 800

激光测距仪，按二环（0 m—10 m—20 m）八方位进行测量，前一环四方位按锥形公式计算地改值，后二环按扇形公式计算地改值。

锥形公式如下：

$$\Delta g_{T_1}=2\pi G\rho R(1-\cos i)/n \tag{6-4}$$

扇形公式如下：

$$\Delta g_{T_2}=2\pi G\rho[R_{m+1}-R_m+(R_m^2+\Delta h^2)^{1/2}-(R_{m+1}^2+\Delta h^2)^{1/2}]/n \tag{6-5}$$

式中：G——万有引力常数；

ρ——地壳平均密度，取 2.67 g/cm^3；

R——近区地形改正半径；

Δh——测点与重力观测点间高差；

m——观测方位，m=1，2，3，4，5，6，7；

n——方位数，n=8。

②中区（20～200 m）地改。

采用 1：50000 DEM 高程数据，按方域公式使用 RGIS2016 软件进行计算。节点网距为 10 m，地改范围为 20～200 m。

方域公式：

$$\Delta g = G\cdot\rho l^2\sum_i\sum_j\frac{C_{ij}}{r_{ij}}\left[1-\frac{1}{\sqrt{1+\left(\frac{h_{ij}}{r_{ij}}\right)^2}}\right] \tag{6-6}$$

式中：G——万有引力常数；

ρ——地壳平均密度，取 2.67 g/cm^3；

l——积分格距；

C_{ij}——积分常数，选用梯形系数；

r_{ij}——积分节点（i,j）与计算点之间的距离；

h_{ij}——积分节点（i,j）与计算点之间的高程差。

圆域内接口的处理方法：由于近区为圆形接口而中区地改方法是方域，这就需要解决接口问题。在内接口上需要加四个补角，以弧 AC 为内口构成$\triangle ABC$，其地形改正值计算公式：

$$\Delta g=\frac{G\rho S}{R}\left(1-\frac{R}{\sqrt{R^2+\Delta H^2}}\right) \tag{6-7}$$

$$S=\frac{1}{4}(4-\pi)r^2 \tag{6-8}$$

式中：S——补角面积；

R=1.105r，对内接口半径为 100 m 时，r 为 100 m。

式（6-7）中 $\Delta H=H_j-H_i$，H_i 为计算点高程，H_j 为补角高程。补角高程 H_j 由邻近四节点插值求得，选用距离加权函数插值求取。

③远区（200～2000 m）地改。

远区地改计算与中区地改方法相同，采用 1：50000 DEM 高程数据，节点网距为

20 m，地改范围为 200～2000 m。进行远区地改后的重力成果用于各种图件的绘制以及数据的处理等。

（三）磁法工作

设计磁测工作总精度为 5 nT。磁测野外工作使用的仪器为 3 台 PMG-1 质子型磁力仪，观测参数为地磁总场和垂向梯度，仪器灵敏度达 0.1 nT，参数自动记录，外接计算机传输打印各种数据并存盘。对所有观测数据进行日变、高程、正常场等改正。

1. 仪器试验

在磁法工作开始之前和结束之后均在研究区驻地附近选择了磁场平稳且不受人文干扰影响的地段作为仪器试验场地，并对仪器进行了测试。

（1）仪器噪声。

经测定，开工实验和收工实验使用的各台仪器噪声均方根 S 均小于 2.0 nT（表 6－8），符合相关规程及工作方案的要求。

具体试验方法：在驻地附近选择一处磁场平稳且不受人文干扰影响的地段，将 3 台磁力仪架设好，并使探头间距保持在 20 m 以上；然后使这些仪器同时进行日变测量，观测时达到秒级同步，时间间隔设置为 10 s，连续观测次数达 103 次（规程要求不少于 100 次）；计算每台仪器的噪声均方根值 S。计算公式如下：

$$S=\sqrt{\frac{\sum_{i=1}^{n}(\Delta x_i-\overline{\Delta x_i})^2}{n-1}} \tag{6-9}$$

式中：Δx_i——第 i 时的观测值 x_i 与起始观测值 x_0 的差值；

$\overline{\Delta x_i}$——所有仪器同一时间观测值 Δx_i 的平均值；

n——总观测数，$i=1$，2，3，…，n。

表 6－8　各台仪器噪声均方根 S 误差统计表（单位：nT）

仪器编号	开工前噪声均方根值 S	收工后噪声均方根值 S	备注
1001	±0.20	±0.16	
1015	±0.27	±0.22	
8101	±0.19	±0.17	

（2）探头一致性。

首先将磁力仪所配探头进行编号，然后用两台仪器作秒级同步进行日变观测，时间间隔设置为 10 s。其中日变站仪器及一个探头固定不变，另一台仪器分别同其余探头相联结，换探头时主机不关机，各探头位置尽量保持一致，调谐场值预先选好保持不变。两个探头读数次数为 34～36 次（规程要求 30 次左右），经日改后得到日改数据，探头之间的差异按下列公式计算：

$$\Delta T=\Delta T_{单台}-\Delta T_{总} \tag{6-10}$$

式中：$\Delta T_{单台}$——单台探头日改后的算术平均值；

$\Delta T_{总}$——所有测得数据日改后的算术平均值。

开工前和收工后磁力仪探头一致性试验结果见表 6-9。

表 6-9 磁力仪探头一致性试验结果

仪器编号	开工前			收工后		
	日改均值(nT)	总日改均值(nT)	差值(nT)	日改均值(nT)	总日改均值(nT)	差值(nT)
1001	5.88	6.20	−0.32	1.90	2.30	−0.40
1015	6.46	6.20	0.26	2.62	2.30	0.32
8101	日变站			日变站		

(3) 主机一致性。

为校验主机的一致性，使用同一个探头，3 台主机轮换作日变观测，时间间隔设置为 10 s，主机连续读数达 29～37 次。将整个测量段的日变曲线绘出，如图 6-8 与图 6-9 所示，可知日变曲线的变化趋势无脱节现象，表明 3 台主机的一致性良好。

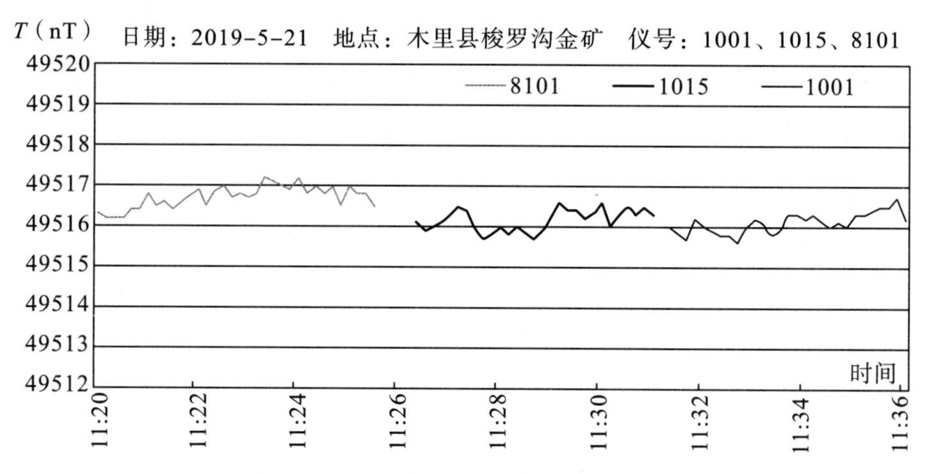

图 6-8 开工前磁力仪主机一致性曲线

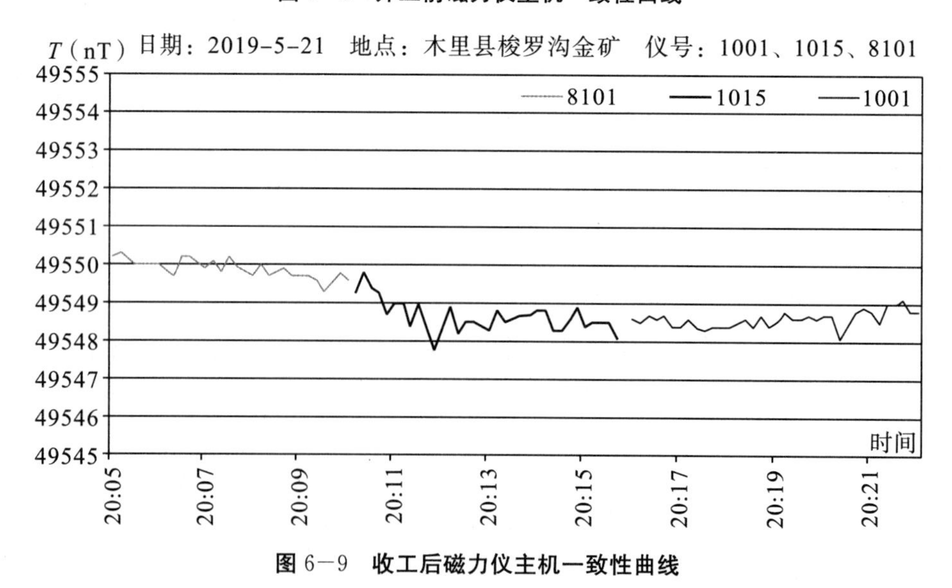

图 6-9 收工后磁力仪主机一致性曲线

（4）仪器一致性。

磁力仪一致性试验结果见表6－10。由表6－10可知，各台仪器观测均方误差小于±2 nT，符合相关规程及工作方案要求，3台仪器一致性良好。

表6－10　磁力仪一致性试验结果

开工前		收工后		备注
仪器编号	均方误差（nT）	仪器编号	均方误差（nT）	
8101	日变站	8101	日变站	
1001	±0.65	1001	±0.60	
1015	±0.52	1015	±0.44	
总均方误差（nT）	±0.851		±0.696	

测试仪器的一致性，应选择浅层干扰较小且认为无干扰场影响的地区，并穿过约10 nT的弱异常变化区，在测线上布置50个测点，做好标记，使参与生产的各台仪器都在这些点上进行往返观测；将观测值进行日变改正后计算仪器的总观测均方误差ε。

计算公式如下：

$$\varepsilon = \sqrt{\frac{\sum_{i=1}^{n} V_i^2}{m-n}} \tag{6-11}$$

式中：V_i——某次观测值与该点各次观测值的平均值之差；

n——检查点数；

m——总观测次数。

（5）探头高度试验。

探头高度试验在开工前进行，选用一台磁力仪进行同点位不同高度的观测，记录多组数据，经过日变改正后计算观测均方误差。计算结果显示，探头高度为1.0 m、1.5 m、2.0 m时其观测误差分别为±0.32 nT、±0.26 nT、±0.25 nT。探头高度为1.5 m、2.0 m时观测误差差别不大，故本次工作探头高度选择为1.5 m。

2. 基校点（日变站）选建

（1）基点（日变站）选建。

共选建两个基点，在研究区中部选建1个分基点G_1，在研究区北部选建1个总基点G_0。

从总基点选择观测曲线（图6－10）看，满足相关规程及工作方案对基点设置的要求。在总基点平面四个方向半径为2 m的范围内，总场读数最小值为49539.4 nT，最大值为49541.9 nT，最大差值为2.5 nT，垂向高度0.5 m内的梯度变化值为1.2 nT/m，水平和垂向梯度变化均满足基点设计的要求。

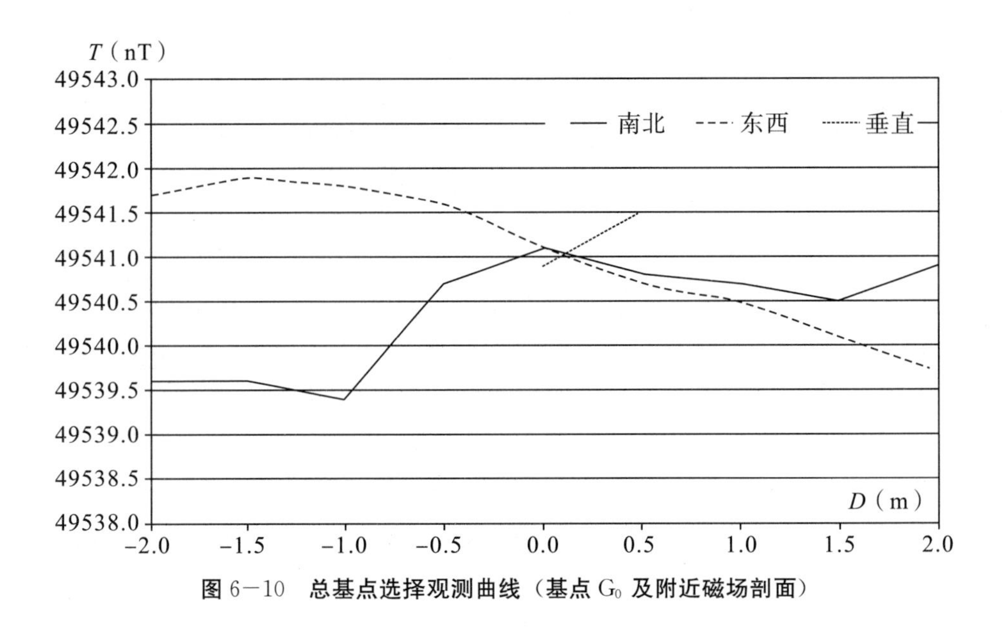

图 6－10　总基点选择观测曲线（基点 G_0 及附近磁场剖面）

（2）基点磁场值（T_0）的确定。

在总基点作 24 小时的日变观测，读数间隔为 20 s。如图 6－11 所示，选择地磁场变化平稳段，即 2 h 内地磁场平均值变化不超过 2 nT 的时间段。基点 T_0值选定后不再变动。

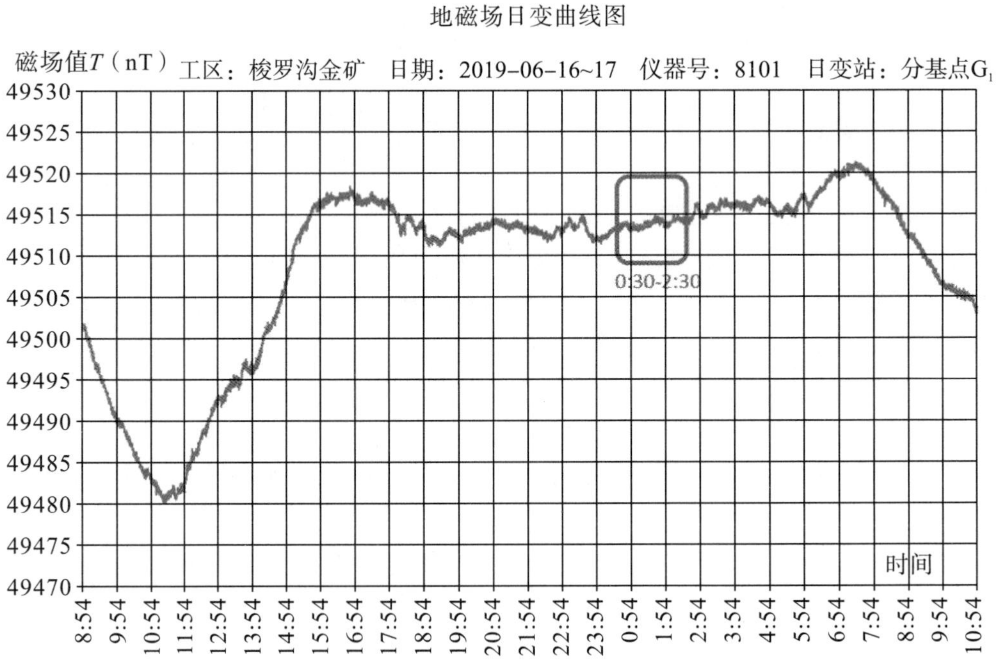

地磁场日变曲线图

磁场值T（nT）　工区：梭罗沟金矿　日期：2019-06-16~17　仪器号：8101　日变站：分基点G_1

0:30-2:30

时间

图 6－11　总基点日变观测曲线

选择 2019 年 6 月 16 日 0 点 30 分到 2 点 30 这一时段作为总基点磁场值（T_0）计算段，此段总场读数最小值为 49536.8 nT，最大值为 49538.8 nT。该段读数最小值与最大值之差为 2.0 nT，平均值为 49537.8 nT，如图 6－12 所示。

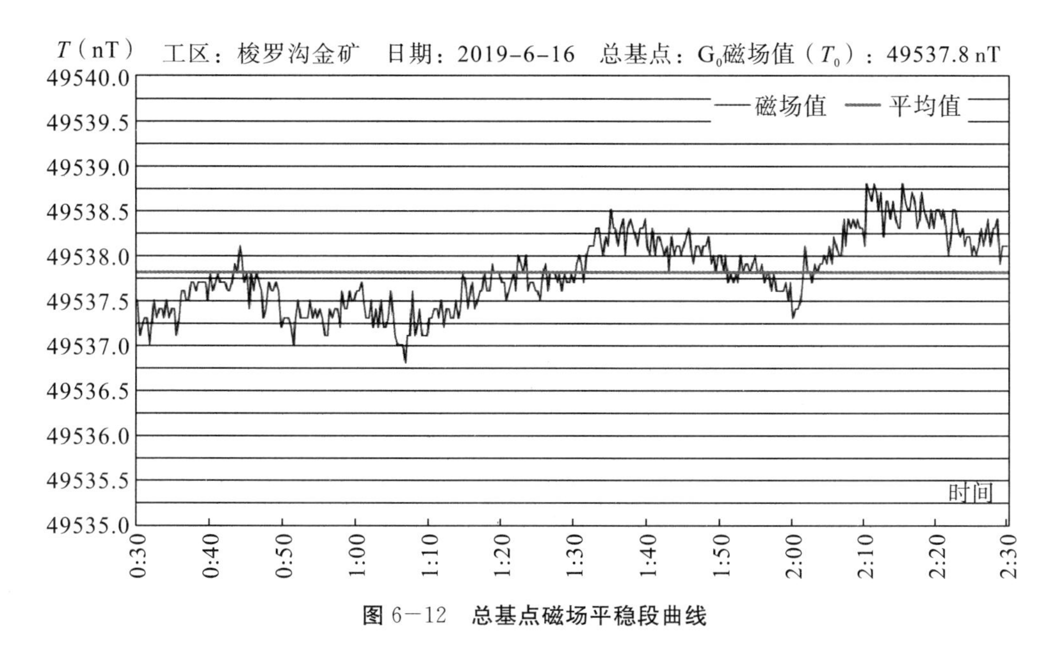

图 6－12　**总基点磁场平稳段曲线**

（3）基点联测。

研究区建有 1 个总基点（G_0），另外还选建了 1 个分基点（G_1），为确定分基点相对总基点的差值（基点改正值），要进行基点联测。

基点联测方法：选用仪器性能符合设计要求的磁力仪（1001 号、8101 号），同时在总基点、分基点进行同步日变观测，观测时间为 60 分钟（一般要求不短于 60 分钟），观测值有 181 个（一般要求不少于 100 个），读数时间间隔为 20 s，计算两基点间的段差（增量）作为基点改正值。基点联测磁场值对比曲线如图 6－13 所示，分基点 G_1 相对总基点 G_0（G_1—G_0 段）的基点改正值为－23. 98 nT，其联测精度为±0. 19 nT。

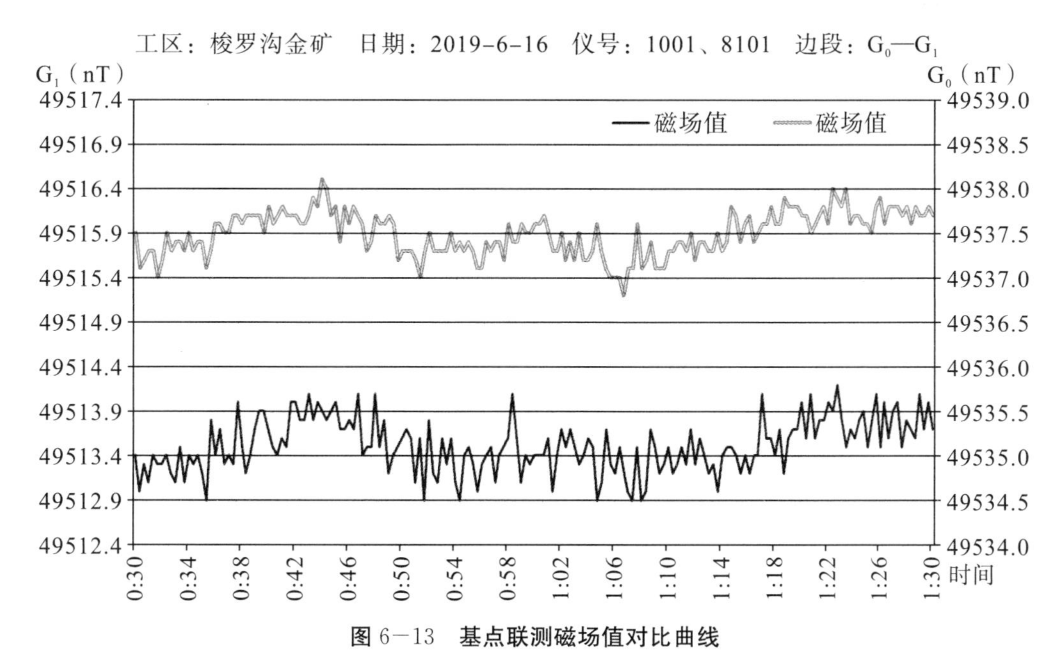

图 6－13　**基点联测磁场值对比曲线**

（4）校正点选择。

校正点选择磁场梯度变化较小处（附近应没有可移动的磁性干扰物），位于总（分）基点附近，便于使用。选定后用木桩在实地设立固定标志，并标明点号。

在研究区中部和北部共选择并建立了4个校正点，以方便野外作业时对磁力仪进行校验。

3. 数据采集

野外作业时，所有研究人员应严格去磁，观测时保持点位正确，探头高度维持在1.5 m；每次观测时探头的高度均应保持一致，探头要求保持水平，探头方向应尽可能置于南北方向，并记录每个点的观测时间。本次1∶50000磁测面积工作点距为100 m，对突变点、可疑点等应进行多次重复观测，在异常地段应视情况适当加密。当测点处存在磁性干扰物时，须合理移动点位，避开干扰，并加注记以备日后复查，遇到磁暴或磁扰较大时应停止工作。每天出工前后都要对基点进行校正。

4. 磁法资料整理

（1）计算异常值ΔT。

测点异常值ΔT是由野外观测数据经室内日变改正、测点正常场改正（包括梯度改正和高度改正）、基点改正后计算求得的。

磁异常值ΔT计算采用如下公式：

$$\Delta T = T_c - T_0 + \Delta T_r + \Delta T_h + \Delta T_t + \Delta T_j \tag{6-12}$$

式中：T_c——观测值；

T_0——总基点磁场值；

ΔT_r——日变改正值；

ΔT_h——高度改正值；

ΔT_t——正常梯度值；

ΔT_j——基点改正值。

各项改正值计算公式如下：

①ΔT_r计算公式。

日变改正值ΔT_r计算公式如下：

$$\Delta T_r = -(T_r - T_0) \tag{6-13}$$

式中：T_r——日变观测值；

T_0——总基点磁场值。

测点对应时间的日变观测值T_r由日变站观测数据经过滑动平均后内插计算取得。

对日变数据先做5点滑动平均，压低噪声水平后，再对磁场观测值进行日变改正，提高日变改正精度。

5点滑动平均计算公式：

$$\overline{x_i} = \frac{1}{5}(x_{i-2} + x_{i-1} + x_i + x_{i+1} + x_{i+2}) \tag{6-14}$$

式中：x_i——第i时的观测值，$i=3$，4，5，…；

$\overline{x_i}$——第i时的滑动平均值。

②ΔT_h计算公式。

计算高度改正系数：

$$\frac{\partial T_0}{\partial R}=-\frac{3T_0}{R} \tag{6-15}$$

式中：R——地球平均半径，为 6371000 m；

T_0——总基点磁场值，为 49537.8 nT。

以总基点高程为基准，计算高度改正值：

$$T_h=\frac{\partial T_0}{\partial R}(H_0-H_i)=\frac{-3T_0}{R}(H_0-H_i) \tag{6-16}$$

式中：H_0——总基点的高程值，为 3907.879 m；

H_i——测点高程值。

③ΔT_t计算公式。

按《地面高精度磁测技术规程》附录 B1 规定的公式，正常梯度改正采用国际地磁参考场 IGRF 2015.0 模型提供的高斯系数，使用中国地质调查局发展研究中心研制的 RGIS V2016 版软件，计算测点与总基点在同一高度（3907.879 m）、同一时间的理论地磁场强度值，再求出测点与总基点的理论地磁场强度值的差值并反号，即为测点正常梯度改正值（ΔT_t），即：

$$\Delta T_t=-(T_t-T_0') \tag{6-17}$$

式中：T_t——测点理论磁场强度值；

T_0'——总基点理论磁场强度值。

④ΔT_j计算公式。

研究区共建有 1 个总基点 G_0 和 1 个分基点 G_1，日变站架设在总基点 G_0 时 $\Delta T_j=0$ nT，日变站架设在分基点 G_1 时 $\Delta T_j=-23.98$ nT。

（2）磁测总精度评定。

按式（6－18）计算磁测总精度：

$$\varepsilon=\pm\sqrt{\varepsilon_C^2+\varepsilon_{一致}^2+\varepsilon_{噪声}^2+\varepsilon_R^2+\varepsilon_Z^2+\varepsilon_H^2+\varepsilon_J^2} \tag{6-18}$$

式中：ε_C——测点野外观测误差；

$\varepsilon_{一致}$——仪器一致性误差；

$\varepsilon_{噪声}$——仪器噪声误差；

ε_R——日变改正误差；

ε_Z——正常场改正误差；

ε_H——高度改正误差；

ε_J——基点改正误差。

①磁测操作及点位误差计算。

正常场的磁测观测精度采用均方误差为标准。观测均方误差的计算公式为：

$$\varepsilon_C=\pm\sqrt{\frac{\sum_{i=1}^{n}\delta_i^2}{2n}} \tag{6-19}$$

式中：δ_i——第 i 点经各项改正的原始观测值与检查观测值之差，$i=1，2，\cdots，n$；

n——检查点数。

对于异常磁场采用平均相对误差来衡量。平均相对误差的计算公式为：

$$\bar{\eta}=\frac{1}{n}\sum_{i=1}^{n}\eta_i \tag{6-20}$$

$$\eta_i=\frac{|T_{i2}-T_{i1}|}{T_{i2}+T_{i1}}\times 100\% \tag{6-21}$$

式中：T_{i1}与T_{i2}——第 i 点的原始观测值与检查点观测值。

②正常场梯度改正误差可按下式计算：

$$\varepsilon_Z=\frac{\partial T_0}{\partial X}m_D=\frac{3ZH}{2RT_0}m_D \tag{6-22}$$

式中：T_0——总基点正常场值；

Z——总基点地磁场垂直分量；

H——总基点地磁场水平分量；

R——地球平均半径，为 6371000 m；

m_D——测地点位中误差。

③高度改正误差按下式计算：

$$\varepsilon_H=\frac{\partial T_0}{\partial R}m_H=\frac{3T_0}{R}m_H \tag{6-23}$$

式中：T_0——总基点正常场值；

R——地球平均半径，为 6371000 m；

m_H——测地高程中误差。

④基点改正误差。

基点改正误差包括总基点场值确定误差、基点联测误差。

⑤日变改正误差按研究设计及《地面高精度磁测技术规程》要求的误差参与磁测总精度的计算，其他各项误差如仪器一致性误差、仪器噪声误差，按仪器实验结果参与总精度计算。

(3) 野外资料整理。

每天对野外形成的所有原始资料进行检查验收，包括磁测数据、GPS 定位资料。磁测数据主要是工作完成情况、数据采集完整性、读数正确性，有无突变点、畸变点等；GPS 定位资料主要对当天测线的航迹进行验收；结合航迹线及测点实测坐标值和测线理论坐标进行对比，对野外磁测线定点误差进行监控。详细填写日验收表。全区磁测资料均验收通过。

为了得到准确可靠的原始观测资料，研究人员对野外测量的磁测数据与 GPS 回放所得到的定位数据在时间上、顺序上进行了反复核对，所有数据均经过室内组与野外台班反复核对，由相关技术人员负责最后复核。

（四）大功率激电工作

1. 仪器设备

激电工作仪器使用 WDFZ-20T 大功率发射机、WDJS-3 接收机，仪器测量过程由微机控制自动完成，基本无人为观测误差，测量精度高，数据接收装置轻便。供电电源采用 5 kW 汽油发电机。

2. 激电测深剖面

激电测深装置：选用对称四极非等比装置，点距为 40 m，激电测深采用的极距详见表 6－11。生产时，根据野外实际地形地质、供电条件等情况，适当调整 MN。

表 6－11　激电测深极距

$AB/2$（m）	5	10	15	20	40	80	100	200	300	400
$MN/2$（m）	2	2	2							
			5	5	5					
					20	20	20	20	20	20
$AB/2$（m）	600	800	1000							
$MN/2$（m）										
	20	20	20							

3. 野外工作

（1）参数选择。

①充、放电时间和供电周期。

该系统发射机的供电制式为双向短脉冲制式，占空比为 1∶1。激电工作仪器的不同供电周期的电阻率曲线对比和不同供电周期极化率曲线对比分别如图 6－14、图 6－15 所示，可知激电工作仪器的供电极距、延时等参数相同，供电周期为 16 s 时异常幅度反映较好，故供电周期选择为 16 s。

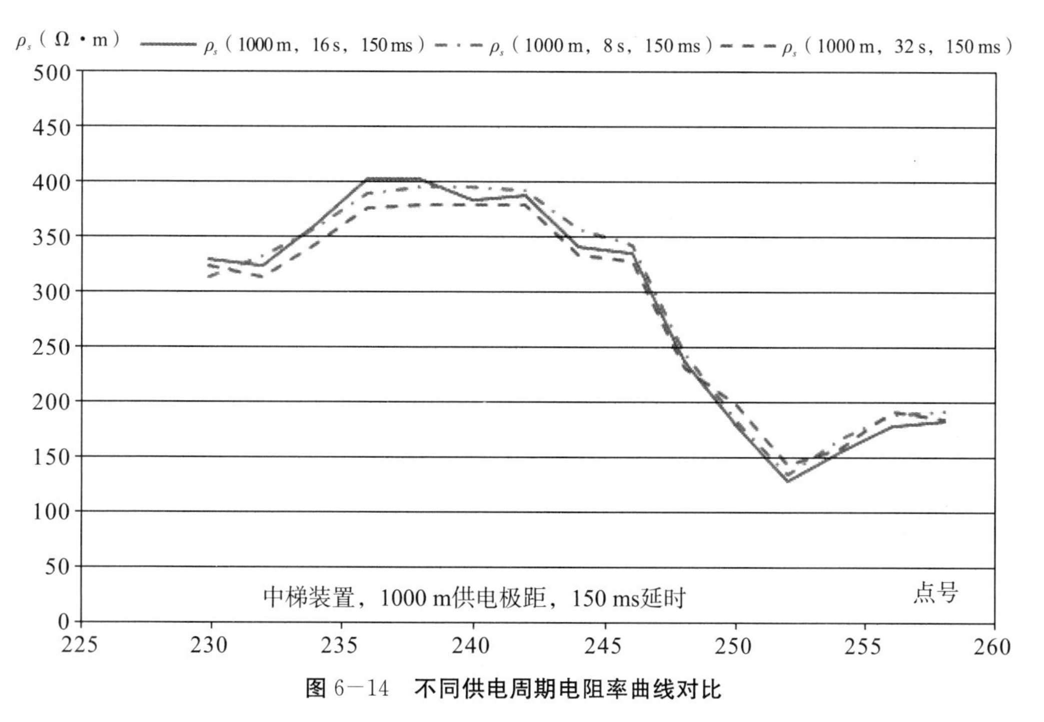

图 6－14　不同供电周期电阻率曲线对比

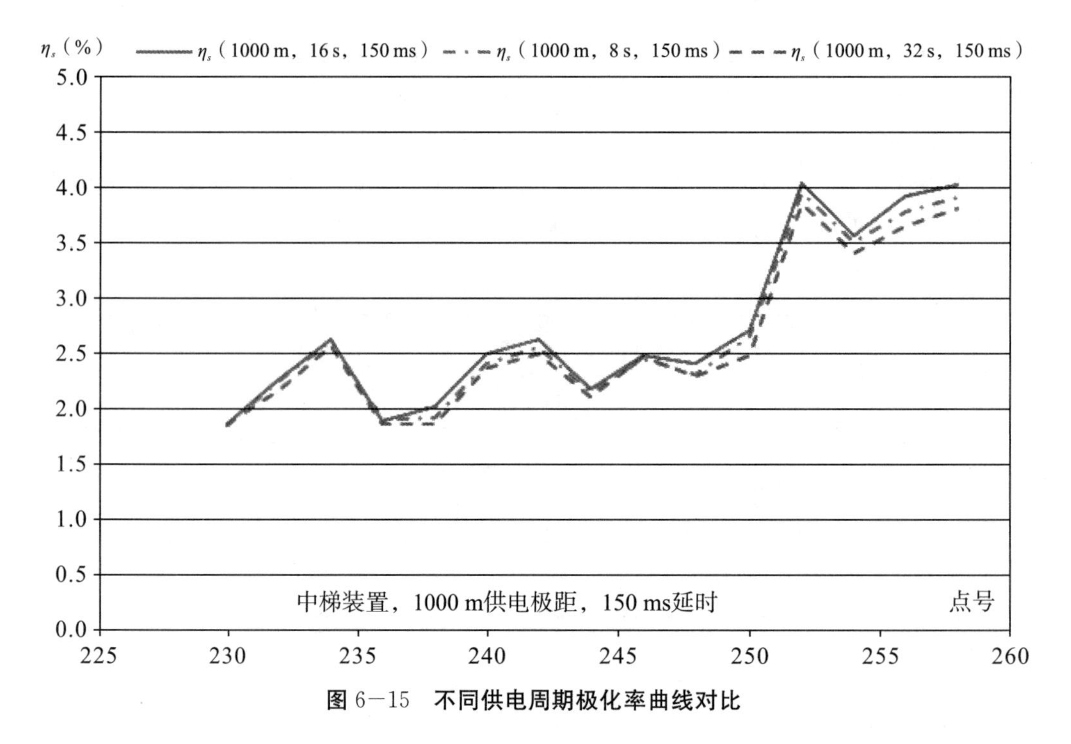

图 6-15　不同供电周期极化率曲线对比

②延时的选择。

为减小电磁耦合效应对激电工作的干扰，应尽量选择较长的延时，一般选为几百毫秒，当延时大于 500 ms 时，电磁耦合效应对直流激电工作的影响可忽略不计。但是，延时太长会降低观测精度。激电工作仪器的不同延时电阻率曲线对比和不同延时极化率曲线对比如图 6-16、图 16-17 所示，可知激电工作仪器的供电极距、供电周期等参数相同，延时为 150 ms、200 ms 时异常幅度反映基本一致，故延时时间为 200 ms。

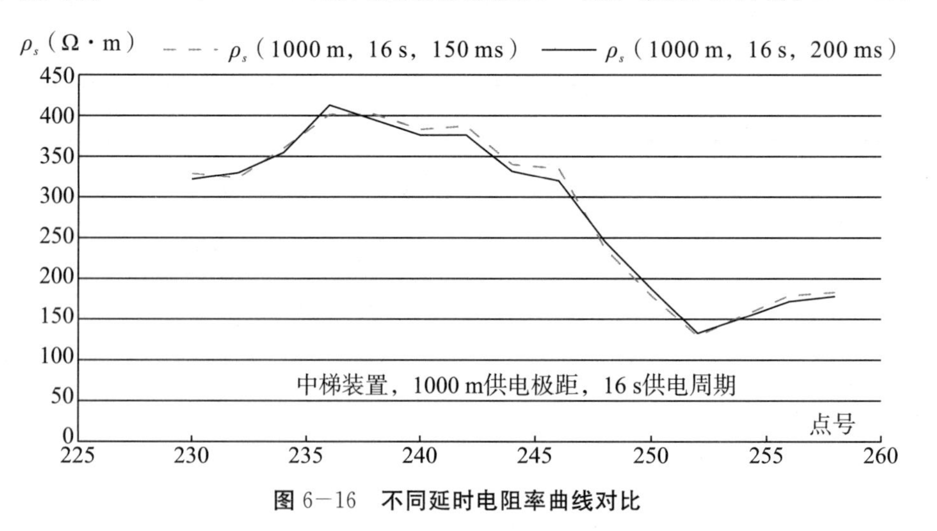

图 6-16　不同延时电阻率曲线对比

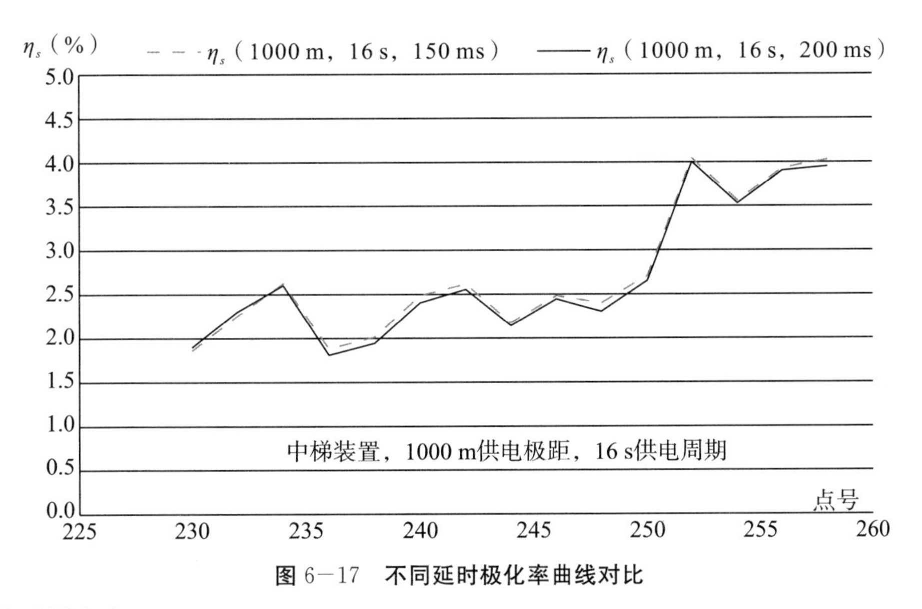

图 6－17　不同延时极化率曲线对比

③采样宽度。

为提高观测精度，采样宽度应适当大些，兼顾效率。本次设置为 80 ms。

④叠加次数。

增加叠加次数，可提高观测精度和抗干扰能力；但由于叠加次数多，生产效率会降低。故考虑以上因素，叠加次数设置为 2 次。

（2）仪器性能试验。

①仪器标定试验。

仪器标定试验是用固定信号源输出一定功率以校验仪器读数是否正常。工作前对两台接收机进行标定，其误差统计结果见表 6－12。由表 6－12 可知，仪器标定误差很小，说明读数正常。

表 6－12　仪器标定误差统计结果

标定日期	次数	501 号标定误差		502 号标定误差	
		电阻率	极化率	电阻率	极化率
2019－7－12	15	±0.03%	±0.72%	±0.04%	±0.57%

②仪器一致性试验。

野外工作前，采用往返观测的方式对两台接收机进行仪器一致性试验，试验点数为 20 个。

按以下步骤和公式计算仪器一致性均方相对误差。

a. 计算极化率 η_s 误差：

$$M_{\eta_s} = \pm\sqrt{\frac{1}{2n}\sum_{i=1}^{n}[(\eta_{si} - \eta'_{si})/\eta'_{si}]^2} \qquad (6-24)$$

式中：η_{si}——第 i 点被测仪器观测数据；

η'_{si}——第 i 点“标准”仪器观测数据；

n——参加统计计算的测点数。

b. 计算电阻率 ρ_s 误差：

$$M_{\rho_s}=\pm\sqrt{\frac{1}{2n}\sum_{i=1}^{n}\left[(\rho_{si}-\rho'_{si})/\rho'_{si}\right]^2} \tag{6-25}$$

式中：ρ_{si}——第 i 点被测仪器观测数据；

ρ'_{si}——第 i 点“标准”仪器观测数据；

n——参加统计计算的测点数。

将测试结果按式（6－24）和式（6－25）计算出仪器一致性均方相对误差，结果统计见表 6－13。由表 6－13 可知，仪器一致性的均方相对误差满足相关规程的小于 $\frac{2}{3}$ 精度的要求。

表 6－13　仪器一致性均方相对误差结果统计

试验点数（个）		电阻率一致性均方相对误差		极化率一致性均方相对误差	
规程要求	实际达到	规程要求	实际达到	规程要求	实际达到
≥20	20	±4.7%	±2.42%	±4.7%	±4.20%

工作前仪器接收机一致性试验 ρ_s 和 η_s 的曲线对比如图 6－18、图 6－19 所示。由图 6－18、图 6－19 可知，两台激电工作仪器一致性良好，可以投入工作。

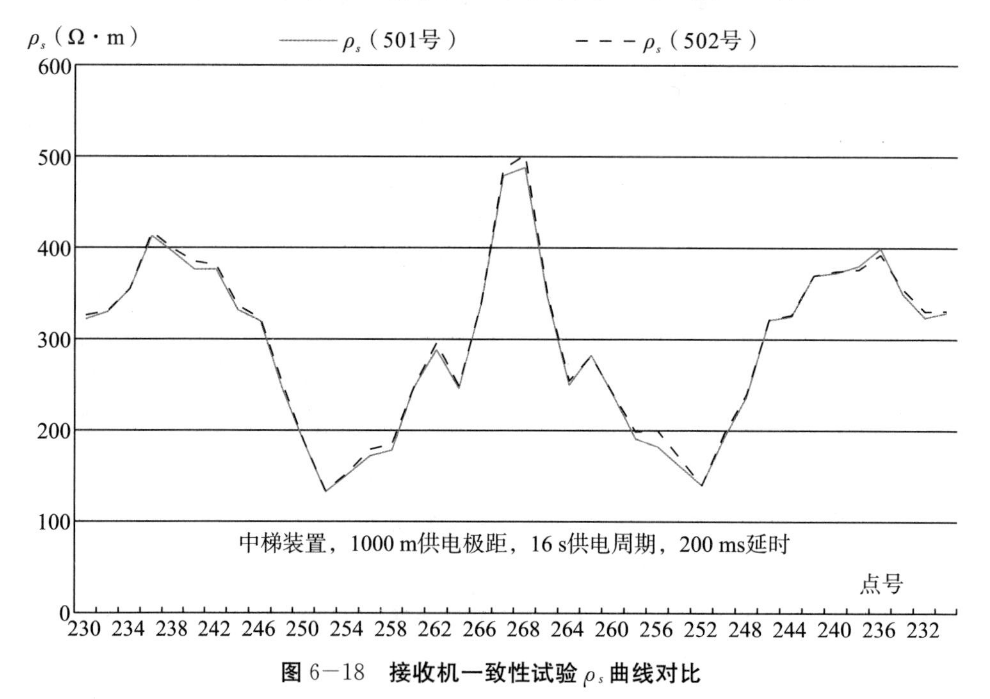

图 6－18　接收机一致性试验 ρ_s 曲线对比

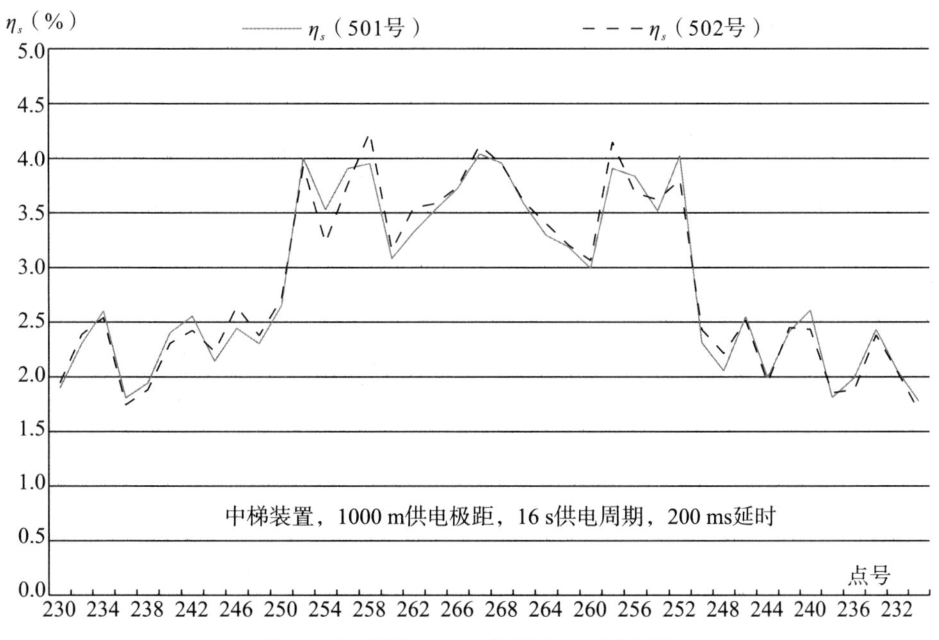

图 6－19　接收机一致性试验 η_s 曲线对比

（3）工作方法。

工作前要对仪器及其他技术装备进行系统的检查、调试和标定，工作中要严格按照规范规定进行测站的设置、导线的敷设、供电电极接地、测量电极接地等。若 A、B 供电电极接地电阻过大导致供电电流过小而无法正常观测时，应将供电电极移至接地条件较好的地方进行布极，且使供电电极成并联排列，各电极的入土深度为电极长度的 $\frac{2}{3}$ 以上。

当个别地段出现地形切割厉害或遇上裸露的基岩，导致物探布点或观测无法进行时，应适当平行移动测点。

在观测过程中，如发现有明显的干扰现象导致难以保证结果的精度、激电数据产生突变点和与相邻线对比显得无规律的测线段，应作重复观测。做极化率及电阻率的重复观测，误差过大的观测数据可不参与平均值的计算。重复观测数据作原始观测数据对待，并对一组重复观测的有效数据进行算术平均值计算，以作为该点的最终观测数据。

三、工作质量评价

（一）测地工作质量

野外测点 GPS-RTK 质量检查采用同点位、不同日期、不同仪器、不同操作员的“一同三不同”原则，随工作进展同步进行。检查点分布较为均匀，安排合理。测点定位质量检查情况见表 6－14。

表 6-14　测点定位质量检查情况

项目	检查点数	检查比例		均方误差		单位
		设计值	实际值	设计值	实际值	
1∶10000 扫面	69	≥3.0%	3.2%	平≤±0.87 高≤±0.63	平±0.11 高±0.04	m
1∶5000 剖面	29	≥10.0%	10.7%	平≤±0.87 高≤±0.63	平±0.10 高±0.06	m

（二）重力工作质量

1. 野外工作质量

测点重力观测、近区地改质量检查采用同点位、不同日期、不同仪器、不同操作员的“一同三不同”原则，随工作进展同步进行。检查点分布较为均匀，安排合理。测点重力观测质量检查情况见表 6-15，近区地改质量检查情况见表 6-16。

表 6-15　测点重力观测质量检查情况

项目	检查点数	检查比例		均方误差		单位
		设计值	实际值	设计值	实际值	
1∶10000 扫面	67	≥3.0%	3.1%	≤±0.069	±0.021	10^{-5} m/s^2
1∶5000 剖面	29	≥10.0%	10.7%	≤±0.069	±0.016	10^{-5} m/s^2

表 6-16　近区地改质量检查情况

项目	检查点数	检查比例		均方误差		单位
		设计值	实际值	设计值	实际值	
1∶10000 扫面	67	≥3.0%	3.1%	≤±0.040	±0.016	10^{-5} m/s^2
1∶5000 剖面	29	≥10.0%	10.7%	≤±0.040	±0.012	10^{-5} m/s^2

2. 中远区地改质量检查

测点中远区地改质量使用变换高程数据节点位置的方法进行检查，在保证网度不变的条件下，移动半个数据网格距后，重新对原始数据进行网格化，使用相同软件计算出抽查的点的地改检查值。中、远区地改质量检查情况见表 6-17、表 6-18。由表 6-17、表 6-18 可知，中远区地改检查率及精度符合工作方案的要求。

表 6-17　中区地改质量检查情况

项目	检查点数	检查比例		均方误差		单位
		设计值	实际值	设计值	实际值	
1∶10000 扫面	216	≥10.0%	10.0%	≤±0.070	±0.021	10^{-5} m/s^2
1∶5000 剖面	28	≥10.0%	10.3%	≤±0.070	±0.017	10^{-5} m/s^2

表 6－18　远区地改质量检查情况

项目	检查点数	检查比例		均方误差		单位
		设计值	实际值	设计值	实际值	
1∶10000 扫面	216	≥10.0%	10.0%	≤±0.075	±0.004	10^{-5} m/s^2
1∶5000 剖面	28	≥10.0%	10.3%	≤±0.075	±0.004	10^{-5} m/s^2

3. 工作精度评述

工作中要认真做好仪器性能试验，抓好每一个质量环节，确保野外各类信息采集的准确、可靠及齐全。

（1）野外数据采集工作开展前，对所使用的重力仪器进行了静态、动态及一致性等性能试验，其各项精度指标均满足或优于相关规范要求（详见前述重力质量评分），说明仪器性能良好，为高质量的野外数据采集工作的开展打下了扎实的根基。

（2）野外数据采集工作期间，按照“一同三不同”的原则进行了重力测点观测检查、测点平面坐标及高程检查、近区地改检查，对标本密度测定也进行了检查，均满足相关规范和设计规定。

（3）资料整理期间，对中远区地改进行了 100%的检查，其检查精度、物性参数测定统计精度、重力各项改正精度统计时的纬度改正均方误差、布格改正均方误差、地形改正均方误差、布格重力异常总精度等（详见表 6－19），均满足或优于相关规范要求。

表 6－19　重力各项改正精度统计

项目		工作方案要求	扫面工作实际达到	剖面工作实际达到	单位
重力基点网误差 ε_G		≤±0.040	—	—	
测点重力观测均方误差 ε_g		≤±0.069	±0.021	±0.016	10^{-5} m/s^2
测点重力值均方误差 ε_{gc}		≤±0.080	±0.021	±0.016	10^{-5} m/s^2
测量控制网平面位置精度 M_{DK}		≤±0.50	—	—	m
测量控制网高程精度 M_{HK}		≤±0.30	—	—	m
测点平面位置中误差 M_D		≤±1.00	±0.11	±0.10	m
测点高程中误差 M_H		≤±0.70	±0.04	±0.06	m
布格改正均方误差 ε_{gB}		≤±0.030	±0.009	±0.009	10^{-5} m/s^2
纬度改正均方误差 $\varepsilon_{g\psi}$		≤±0.015	±0.0001	±0.0001	10^{-5} m/s^2
地形改正均方误差	近区（0～20 m）ε_{gT1}	≤±0.040	±0.016	±0.012	10^{-5} m/s^2
	中区（20～200 m）ε_{gT2}	≤±0.070	±0.021	±0.017	10^{-5} m/s^2
	远区（200～2000 m）ε_{gT3}	≤±0.075	±0.004	±0.004	10^{-5} m/s^2
	地改总均方误差 ε_{gT}	≤±0.110	±0.027	±0.021	10^{-5} m/s^2
布格重力异常总精度 $\varepsilon_{\Delta gB}$		≤±0.200	±0.035	±0.031	10^{-5} m/s^2
说明	中间层密度 $\rho=2.67$ g/cm^3，中间层改正半径为 20000 m，研究区平均地理纬度为 28°24′17.5″，研究区平均高程为 4001.5 m。				

（4）布格重力异常平面图上未见明显异常畸变点。

至此，在工作中各个阶段，通过100%的自检和互检以及项目组、单位的抽检，质量达到相关规范要求，所获取的研究区内的布格重力异常成果数据、密度统计成果资料正确、合格，为重力推断解释及成果报告的编写提供了高质量的原始资料。

4. 工作精度评价

本次1∶10000扫面、1∶5000剖面工作的各项计算、改正及精度统计均严格按照相关规范及项目设计书的要求执行，布格重力异常总精度分别为$\pm 0.035\times 10^{-5}$ m/s²、$\pm 0.031\times 10^{-5}$ m/s²，符合工作方案的要求（表6−19）。

（三）激电工作质量

激电测深工作的质量检查按照“一同三不同”的原则进行，检查比例为10.7%。工作的总精度以均方相对误差来衡量，极化率总均方相对误差为4.3%，电阻率总均方相对误差为3.9%，满足《时间域激发极化法技术规程》（DZ/T 0070—2016）中精度要求的B级精度标准。

（1）极化率η_s的均方相对误差计算：

$$M_{\eta_s} = \pm\sqrt{\frac{1}{2n}\sum_{i=1}^{n}\left[\frac{2(\eta_{si}' - \eta_{si})}{\eta_{si}' + \eta_{si}}\right]^2} \tag{6-26}$$

式中：η_{si}——第i点原始观测数据；

η_{si}'——第i点检查观测数据；

n——参加统计计算的测点数。

（2）电阻率ρ_s的均方相对误差计算：

$$M_{\rho_s} = \pm\sqrt{\frac{1}{2n}\sum_{i=1}^{n}\left(\frac{\rho_{si} - \rho_{si}'}{\bar{\rho}_{si}}\right)^2} \tag{6-27}$$

式中：ρ_{si}——第i个极距原始观测数据；

ρ_{si}'——第i个极距检查观测数据；

$\bar{\rho}_{si}$——ρ_{si}与ρ_{si}'的平均值；

n——参加统计计算的极距数。

（四）磁法工作质量

1. 野外工作

磁法测点观测质量采用同点位、不同日期、不同仪器、不同操作员的“一同三不同”原则，随工作进展同步进行。检查点分布较为均匀，安排合理。对于单点异常或受干扰的测点专门进行了复核。各项检查比例和精度符合工作方案及磁测规程的要求（表6−20）。

表6−20　磁测工作质量检查情况

项目	检查点数	检查比例		均方误差（nT）		均方相对误差	
		设计要求	实际达到	设计要求	实际达到	设计要求	实际达到
1∶10000扫面	84	3.0%	3.9%	±2.65	±1.50	≤10.0%	4.8%
1∶5000剖面	29	10.0%	10.7%	±2.65	±1.12	≤10.0%	—

2. 质量评述

野外观测过程中，对可疑点、异常点均进行重复观测，排除磁干扰，保证观测质量。野外所采集的原始数据真实可靠。

以闭合段为单元，在每天野外工作结束后及时对测地工作及磁测工作的原始资料进行验收，并填写原始资料验收表。

野外工作结束时，在研究区对项目组完成的磁法测量工作的各项原始资料进行检查，并在野外实地查看工作完成情况，判断并认可项目组取得的各项物探资料的真实性、可靠性，各项精度和总精度均满足工作方案及磁测规程的要求。

3. 工作精度评价

1∶10000 扫面工作、1∶5000 剖面的各项高精度磁测误差及总误差均符合工作方案及磁测规程的要求（表 6－21）。

表 6－21　磁测精度统计

项目		工作方案设计要求（nT）	扫面工作精度（nT）	剖面工作精度（nT）	备注
野外观测均方误差	操作及点位误差	±2.65	±1.53	±1.12	
	仪器一致性误差	±2.00	±0.85	±0.85	
	仪器噪声误差	±2.00	±0.31	±0.31	
	日变改正误差	±2.00	±2.00	±2.00	理论值
	总计	±4.36	±2.68	±2.46	
基点、高程及正常场改正误差	正常场改正误差	±1.00	±0.001	±0.001	
	高程改正误差	±1.00	±0.001	±0.001	
	基点改正误差	±2.00	±0.46	±0.46	
	总计	±2.45	±0.46	±0.46	
磁测总误差		±5.00	±2.72	±2.50	

（五）物性工作质量

采取同仪器、不同人、不同时间的方式重复测定标本的密度、磁性及电性，进行物性工作质量检查。

1. 标本密度测定检查

标本密度测定精度计算如下：

$$\sigma=\sqrt{\frac{\sum \varepsilon_i}{2n}} \qquad (6-28)$$

式中：ε_i——检测值与原测值之差；

n——标本块数。

标本检查块数为 33 块，检查比例为 10.3%，测定精度（均方误差）为±0.007 g/cm^3

（要求检查比例不少于10%，均方误差不大于±0.010 g/cm³），符合相关规范要求。

2. 标本磁性测定检查

标本检查块数为33块，质检比例为10.3%，符合规范不少于10%的要求。其中，磁化率测量平均相对误差为16.7%，剩余磁化强度测量平均相对误差为16.4%，符合相关规范不大于20%的要求。

3. 标本电性测定检查

随机抽取33块标本进行重复测量作为质量检查，检查比例为10.3%，平均相对误差为14.7%，检查比例及平均相对误差均符合相关规范要求。

第四节　重磁电工作成果解释

根据研究区1∶10000重磁电反映的异常基本特征以及两条激电剖面成果，结合研究区物性特征、地质资料，对本次重磁电工作进行了综合地质解释。

一、重力异常解释

（一）重力异常分区

本次调查的研究区处于山区，地形切割较大，目前计算的布格重力异常值为近区地形改正后的布格重力异常值，区内0～20 m范围内的近区地形改正值平均为0.1 mGal左右，而对测点布格重力异常值影响较大的20～2000 m的中区地形改正值在10～100 mGal之间，0～20 m近区地改值远小于中区及远区地改对测点布格重力异常的影响。根据布格重力异常和区域重力异常，对研究区重力场进行分区。

布格重力异常沿重力梯级带主要分为南北两个不同区域，布格重力异常在研究区大致弧形分布呈南高北低的趋势，其中北侧的低重力异常反映了T_3q^1、T_3q^2地层灰岩、碎屑岩的密度特征，南部高重力异常反映了T_3q^3地层基性火山岩的密度特征，与标本所反映的特征一致。

由重力特征可以把研究区分为两个区，北侧Ⅰ区与南侧Ⅱ区（图6－20、图6－21）。重力场分区反映了研究区单斜构造的特征。已发现的矿体位于分区边界处，表明矿体受构造控制。

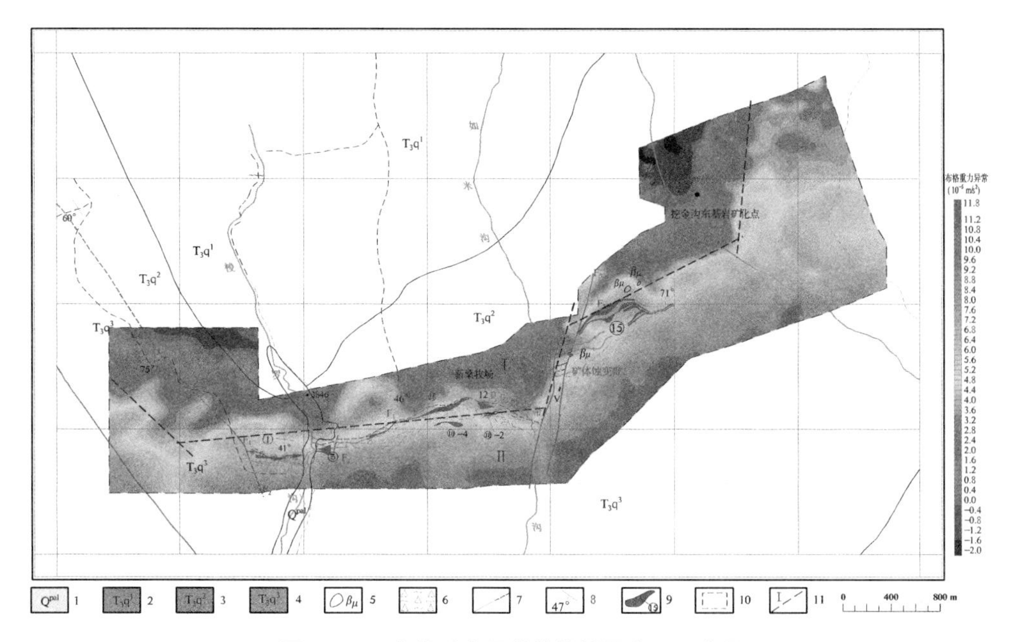

图 6－20　布格重力异常等值线及分区示意图

1－第四系；2－上三叠统曲嘎寺组灰岩段；3－上三叠统曲嘎寺组碎屑岩段；4－上三叠统曲嘎寺组基性火山岩段；5－辉绿岩；6－含矿构造蚀变带；7－实测及推测断层；8－地层产状；9－矿体及编号；10－重磁工作范围；11－重力分区及编号

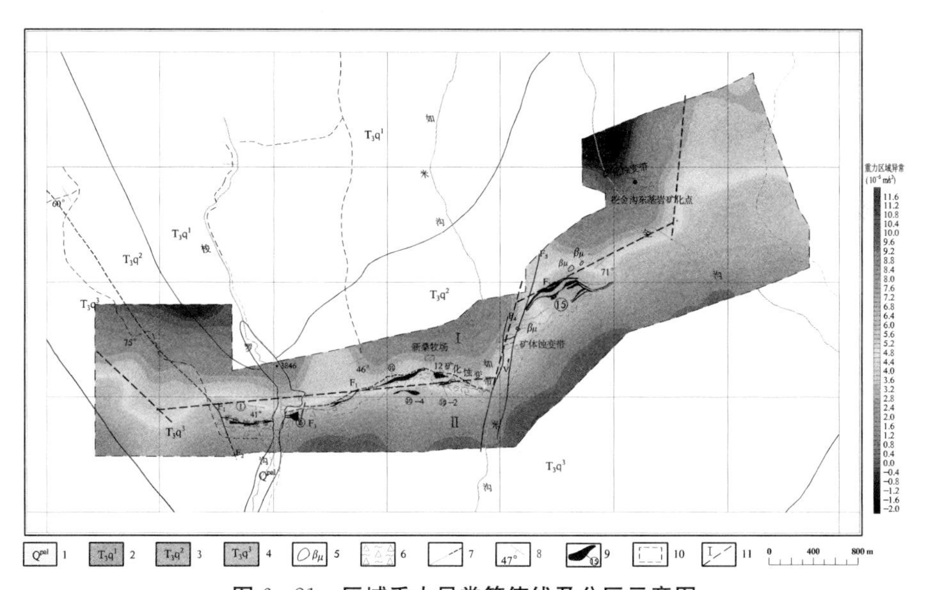

图 6－21　区域重力异常等值线及分区示意图

1－第四系；2－上三叠统曲嘎寺组灰岩段；3－上三叠统曲嘎寺组碎屑岩段；4－上三叠统曲嘎寺组基性火山岩段；5－辉绿岩；6－含矿构造蚀变带；7－实测及推测断层；8－地层产状；9－矿体及编号；10－重磁工作范围；11－重力分区及编号

（二）断裂推测

依据重力场水平方向梯度和布格重力异常特征对研究区断裂构造进行推测。断裂构造在重力场水平方向梯度等值线上一般表现为极值的连线；在布格重力异常等值线图上，一般等值线密集区对应重力场水平方向梯度较大的地段。两者均反映了断裂构造两侧地层或岩体的密度发生较大变化的趋势。

根据上述断裂推测的原则，推测研究区共有断裂22条，以近东西向、北东向为主，局部为近南北向、北西向（图6－22、图6－23）。

推测断裂的编号从F1～F22按顺序编排，其中部分推测断裂，其位置、性质与地质上已明确的断裂较一致的，其编号按地质测量编号编制。

根据推测断裂的分布特征可以看出，矿体西段位于推测断裂F1与推测断裂F6之间，其中，推测断裂F1与实测断裂F1存在一定位移，可能与断裂本身产状有一定关系，推测断裂处均表现出布格重力异常梯度变化较大的特征；同时，推测断裂F6位于T_3q^3地层中，其南侧的密度场明显大于北侧，因此该推测断裂可能是T_3q^3地层中不同亚段的分界线。矿体东段也表现出明显的布格重力异常梯级带特征，但西段1号、5号、10号矿体重力场无明显规律，既有梯级带特征也有过渡区特征；东段的15号矿体表现出明显的重力高，与西段矿体有所区别，由此推测东段受多期次的构造活动影响较大，同时与东段矿体规模为区内最大也有一定关系。

推测断裂F1向西延伸被北西向、北东向断裂破坏，连续性不明显；推测断裂东段主体向北东东延伸，与推测断裂F6有合并的趋势；同时北北东方向具有明显的梯级带特征，在布格重力异常等值线上呈梯级带特征，重力场水平方向梯度等值线推测构造示意图（图6－22）上存在明显的条带状特征，推测有次生断裂的可能性，推测断裂编号F17。

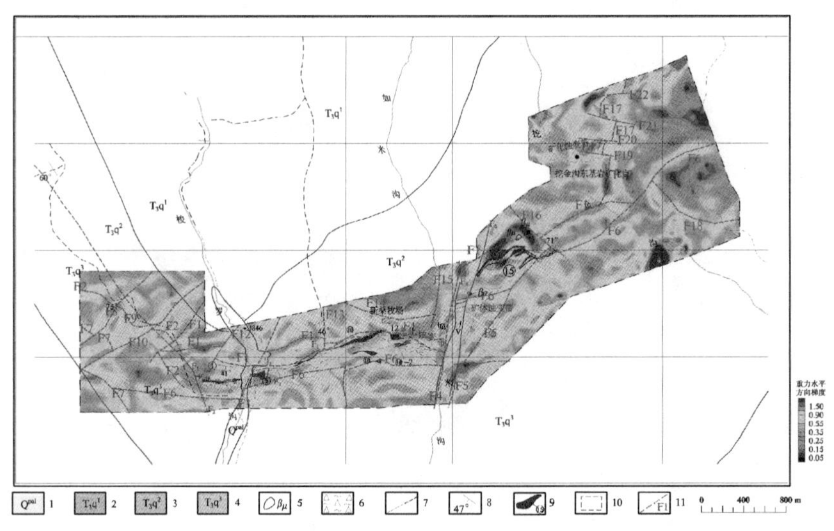

图6－22　重力场水平方向梯度等值线推测构造示意图

1－第四系；2－上三叠统曲嘎寺组灰岩段；3－上三叠统曲嘎寺组碎屑岩段；4－上三叠统曲嘎寺组基性火山岩段；5－辉绿岩；6－含矿构造蚀变带；7－实测及推测断层；8－地层产状；9－矿体及编号；10－重磁工作范围；11－物探推测断裂

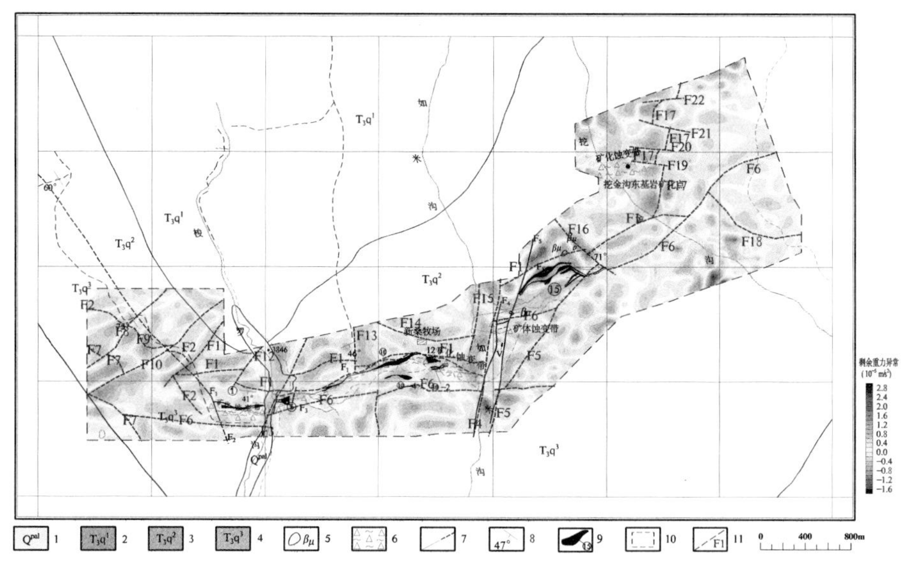

图 6－23　布格重力异常等值线推断构造示意图

1－第四系；2－上三叠统曲嘎寺组灰岩段；3－上三叠统曲嘎寺组碎屑岩段；4－上三叠统曲嘎寺组基性火山岩段；5－辉绿岩；6－含矿构造蚀变带；7－实测及推测断层；8－地层产状；9－矿体及编号；10－重磁工作范围；11－物探推测断裂

二、磁异常解释

（一）磁异常分区

从磁异常特征来看，研究区地磁场较平缓，经各项改正后，85％以上的数据幅值集中在－50～＋50 nT 之间。研究区北部主要以平静场为主，地磁场梯度较缓，局部存在平缓正磁异常；研究区南部地磁异常以串珠状异常为主，沿 F1 构造分布，在 10 号矿体北侧，表现出明显的平静场特征，南部以较凌乱的串珠状异常为主；研究区中部，串珠状异常沿 F4、F5 构造分布，明显对北东东向的串珠状异常造成错动的趋势。

根据物性特征，推断北部平静场与 T_3q^1 和 T_3q^2 地层中的灰岩、砂板岩有关；南部地磁场变化幅度相对较大，以串珠状异常为主，主要是 T_3q^3 地层中的基性火山岩的磁场特征响应。

根据地磁场特征，大体上可以把研究区地磁场分为两个区，同时，在研究区东西两侧边缘存在平缓的正磁异常，因此最终把地磁场分为 4 个异常区（图 6－24）。

研究区东西两侧未封闭正磁异常划分为Ⅰ、Ⅳ区，南北两侧分区编号为Ⅱ、Ⅲ。其中，南北两区分别对应 T_3q^3 基性火山岩地层和灰岩、碎屑岩地层，已知的矿带集中在两者之间；东西两侧未封闭正磁异常划分为Ⅰ、Ⅳ区，其中西部Ⅰ区的布格重力异常特征表现为低重异常，东部Ⅳ区的布格重力异常特征表现为相对高重异常，根据研究区岩石的密度特征，推测Ⅰ区岩性以 T_3q^1、T_3q^2 地层中的灰岩、砂板岩为主，东部Ⅳ区岩性以玄武岩和蚀变基性火山岩为主。

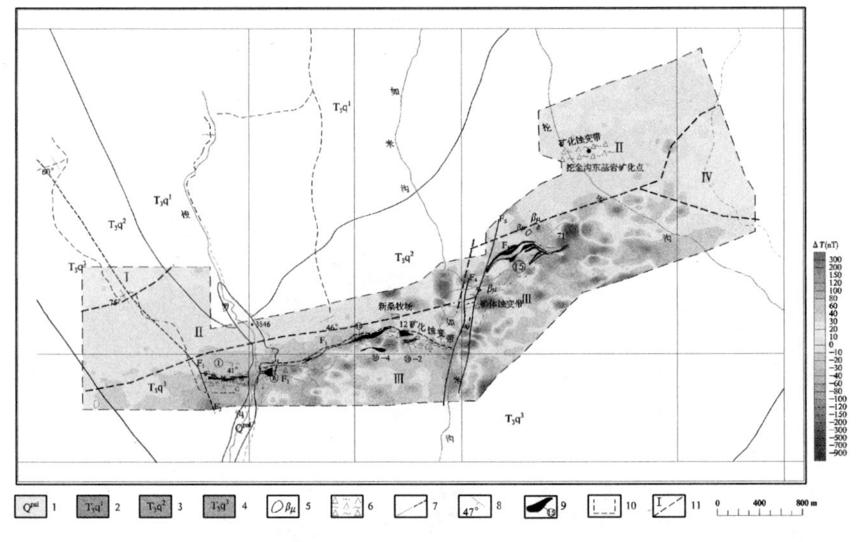

图 6-24 磁异常等值线平面及分区示意图

1-第四系；2-上三叠统曲嘎寺组灰岩段；3-上三叠统曲嘎寺组碎屑岩段；4-上三叠统曲嘎寺组基性火山岩段；5-辉绿岩；6-含矿构造蚀变带；7-实测及推测断层；8-地层产状；9-矿体及编号；10-重磁工作范围；11-磁异常分区及编号

（二）断裂推测

研究区地磁场特征与重力场特征有一定相似之处，基于上述两者的特征，根据地磁场推测区内断裂的分布，划分的原则为地磁场呈串珠状展布，或地磁场等值线明显发生扭曲变形的连线（图 6-25、图 6-26）。

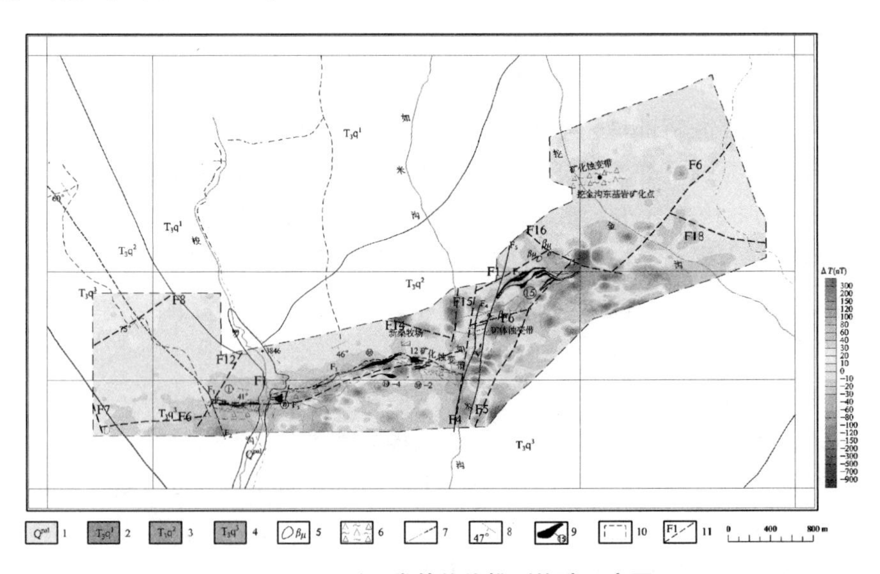

图 6-25 磁异常等值线推测构造示意图

1-第四系；2-上三叠统曲嘎寺组灰岩段；3-上三叠统曲嘎寺组碎屑岩段；4-上三叠统曲嘎寺组基性火山岩段；5-辉绿岩；6-含矿构造蚀变带；7-实测及推测断层；8-地层产状；9-矿体及编号；10-重磁工作范围；11-物探推测断裂

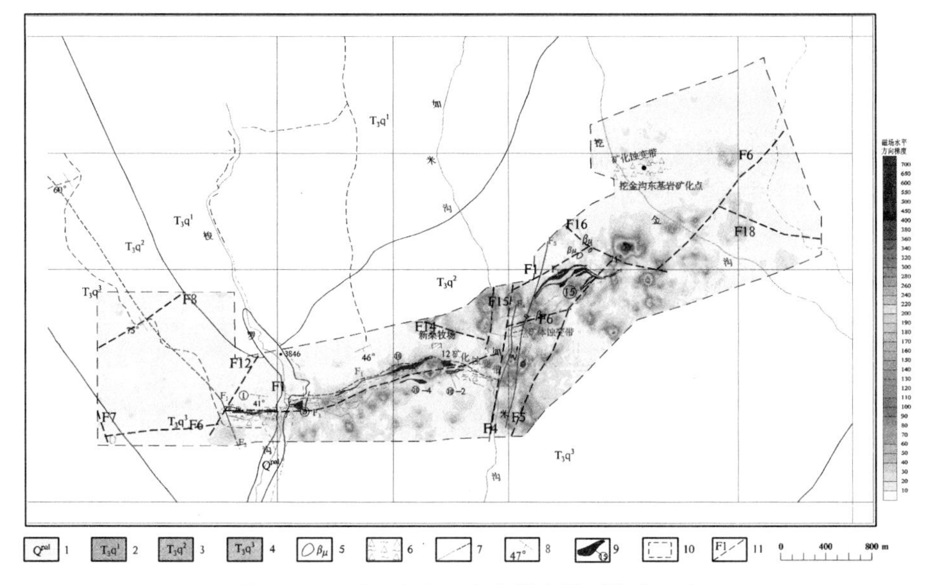

图 6－26　磁异常水平方向梯度推测构造示意图

1－第四系；2－上三叠统曲嘎寺组灰岩段；3－上三叠统曲嘎寺组碎屑岩段；4－上三叠统曲嘎寺组基性火山岩段；5－辉绿岩；6－含矿构造蚀变带；7－实测及推测断层；8－地层产状；9－矿体及编号；10－重磁工作范围；11－物探推测断裂

根据地磁场特征，推测断裂 11 条，为了与重力场推测断裂匹配，对于位置、走向相对吻合的断裂，其编号与重力推测断裂编号一致。其中，推测断裂 F1 和 F6 分别位处布格重力异常的梯级带上，但在磁异常等值线推测构造示意图（图 6－25）上，尤其在西侧矿段上断裂所致异常不明显，仅能体现 1 条断裂，故该段推测断裂以地质实测断裂编号 F1 为准。

研究区东西两侧的地磁场梯度较缓。研究区西部磁场，东以梭罗沟为界，磁场特征趋近于平静场特征，局部等值线有扭曲形变，以西达到研究区边界，磁场梯度变化小于 20 nT，断裂所致的磁场特征在该地段显示不明显。

研究区东部地磁场梯度较缓区幅值有一定变化，串珠状的地磁场特征明显，推测断裂 F6 向两侧有一定的延伸。挖金沟东基岩矿化点附近并未见明显的磁场变化，磁异常梯度在－10～20 nT 之间变化，从地磁场特征来看无明显的构造现象。

磁异常水平梯度推测构造示意图（图 6－26）表明，基性火山岩地层和碎屑岩、灰岩地层之间的地磁场变化幅度大，已知矿体均位于水平梯度较大的地段，且向东具有一定的延伸，但向西延伸则不明显。

综上所述，根据重磁特征推测的断裂中，F1 和 F6 是区内主要的控矿构造，所表现出的重力场、地磁场特征应该是一系列断层带的地球物理特征响应。

第五节　激电剖面工作成果解释

2019 年度激电工作全布置在 P91 剖面和 P128 剖面上。

一、P91 剖面

由 P91 剖面激电测深解释推测图（图 6－27）可知，第四系不均匀地质体造成电阻率在浅部特征没有规律，中深部表现出由缓倾至向南倾斜的特点，剖面南侧整体呈低阻特征；同时，中深部的极化率也呈现出向南倾的趋势。两条断面深部地质体总体表现出中高阻、高极化特征，与物性成果中断层角砾岩高阻、高极化特征类似。推测为断层角砾岩、凝灰岩。

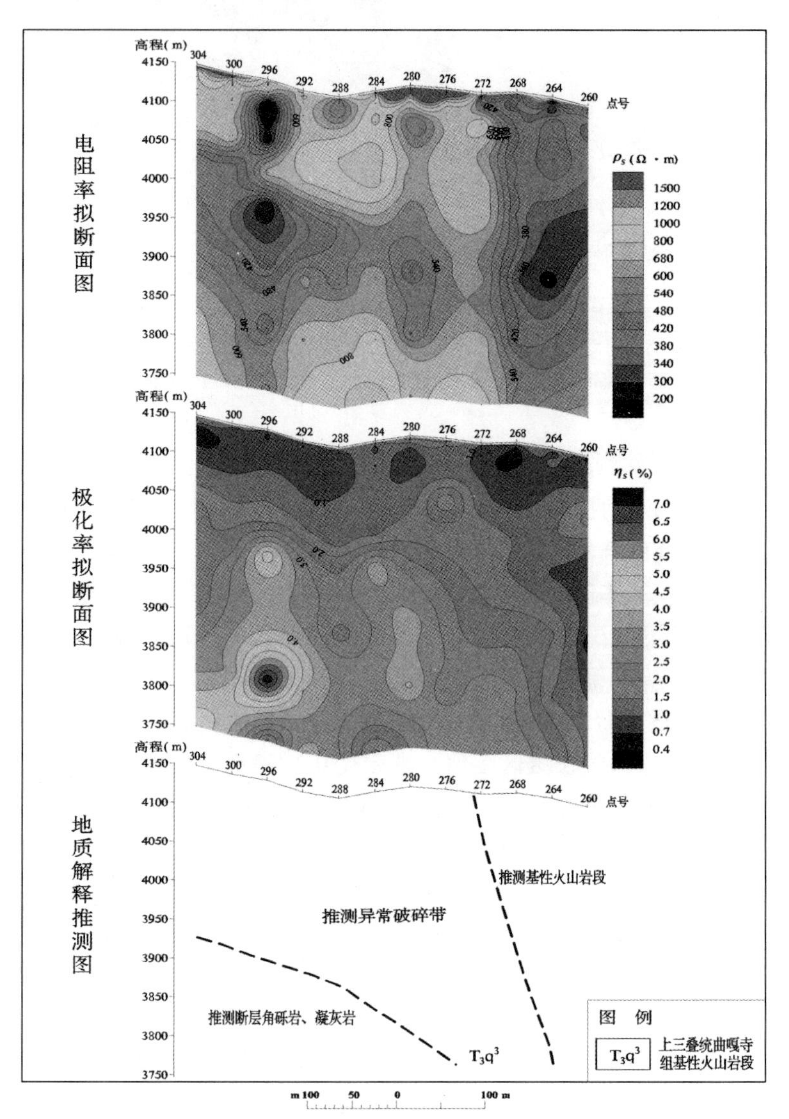

图 6－27　P91 剖面激电测深解释推测图

P91 剖面激电测深解释推测图（图 6－27）激电断面表明在测深点 270 号附近，呈高低阻接触带特征，重磁异常呈梯级带特征，重磁电异常均表明该段存在断裂，根据重磁特征推测的断裂 F6 的位置即位于该处。同时，类比 P76 综合剖面，F6 南侧电性也表现为低阻特征，根据这一特性，具备相对高密度、低阻、相对高磁性的岩石有凝灰岩、硅质凝灰岩等，这也说明了F6断裂很有可能是基性火山岩段内不同亚段的分界线。P91剖面深部相对高阻、高极化的电性特征，可能是由部分断层角砾岩和黄铁矿化岩石引起的。

二、P128剖面

由P128剖面激电测深解释推测图（图6－28）可知，此激电异常南北侧分别表现出局部存在团块状高阻、低极化，以及低阻、高极化电性异常，反映了两侧基性火山岩段和碎屑岩段的电性特征，局部推测为异常破碎带或断层角砾岩、凝灰岩。

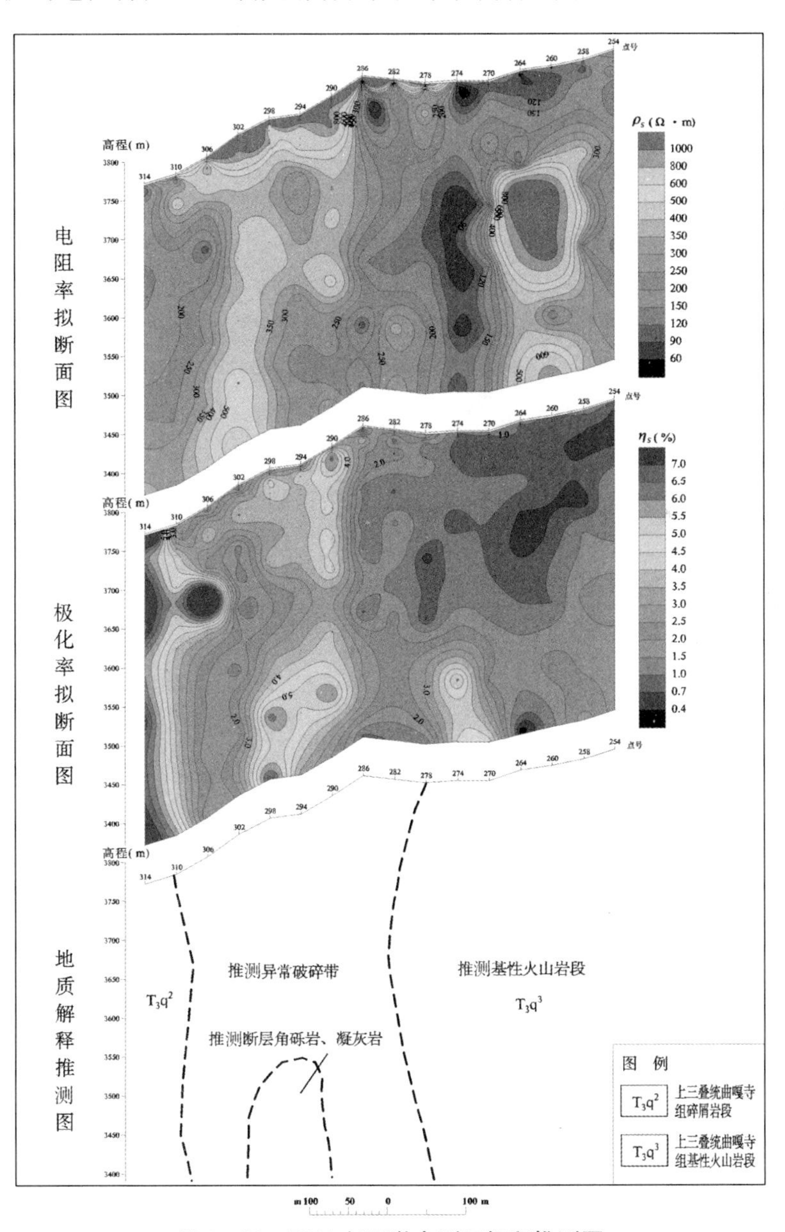

图6－28　P128剖面激电测深解释推测图

第七章　研究区综合物探成果研究

第一节　综合剖面工作成果

利用2018—2019年于梭罗沟金矿完成的物探工作以及取得的成果，对P76剖面、P91剖面、P128剖面和P144剖面进行了综合分析研究，以摸清梭罗沟金矿（尤其是15号矿体）的深部赋存情况，达到最终增储的目的。

东部研究区地段地表主要出露地层为上三叠统曲嘎寺组二段第三亚段（T_3q^{2-3}）和第四亚段（T_3q^{2-4}），岩性主要为砂岩、砂质板岩，地表主要为第四系松散覆盖堆积物，并正常发育凝灰岩等基性火山岩。就目前的区域矿产资料，梭罗沟金矿属于甘孜—理塘成矿带南段，该地区的大多数金属矿床均与这套超基性火山岩有密切关系。梭罗沟金矿属构热液型金矿床，产于上三叠统曲嘎寺组一套基性火山岩系，岩性为碳酸盐化、绢云母化、钠长石化、黄铁矿化、毒砂矿化的蚀变基性凝灰岩和基性凝灰角砾岩、蚀变中基性火山岩。其矿化带受近东西向展布的（F1）断裂构造带控制，发育在砂板岩与凝灰岩过渡带的火山岩一侧。

东部研究区内15号矿体是规模最大的矿体，现阶段工程控制的长度约为560 m，矿体倾向为320°～360°，倾角为48°～80°。矿体平面展布呈不规则的长透镜状，东段有分支现象，剖面形态总体呈上宽下窄、北陡南缓的漏斗状，矿化带主要发育在上三叠统曲嘎寺组一套基性火山岩中。

西部研究区地段地表主要出露地层为上三叠统曲嘎寺组二段第三亚段（T_3q^{2-3}）和第四亚段（T_3q^{2-4}），岩性主要为砂岩、砂质板岩，地表主要为第四系松散覆盖堆积物，并正常发育凝灰岩等基性火山岩。

西部研究区内10号矿体是规模最大的矿体，现阶段工程控制的长度约为900 m，矿体向北或北北西倾，倾角为65°～70°。矿体平面展布为中西段窄、向东变宽的长条脉状，剖面上呈总体向下变窄，尖灭、再现、侧现，或分支的脉状，矿化带主要发育在上三叠统曲嘎寺组蚀变中基性火山岩与少量变质砂岩、板岩中。

西部研究区内矿体主体受F1断裂构造带控制，但与近南北向、北西向断层存在依附关系。其近南北向、北西向断层规模虽较小，但与北东向断层同为研究区成矿后的破矿构造，在成矿后活动比较明显。西部研究区东西向矿化蚀变带均被近南北向、北西向断层切错成四段。

一、P76 重磁电综合剖面成果

综合两年的研究工作，2019 年度的重磁剖面工作部分与 2018 年度的音频大地电磁测深剖面部分重合（图 7−1、图 7−2）。

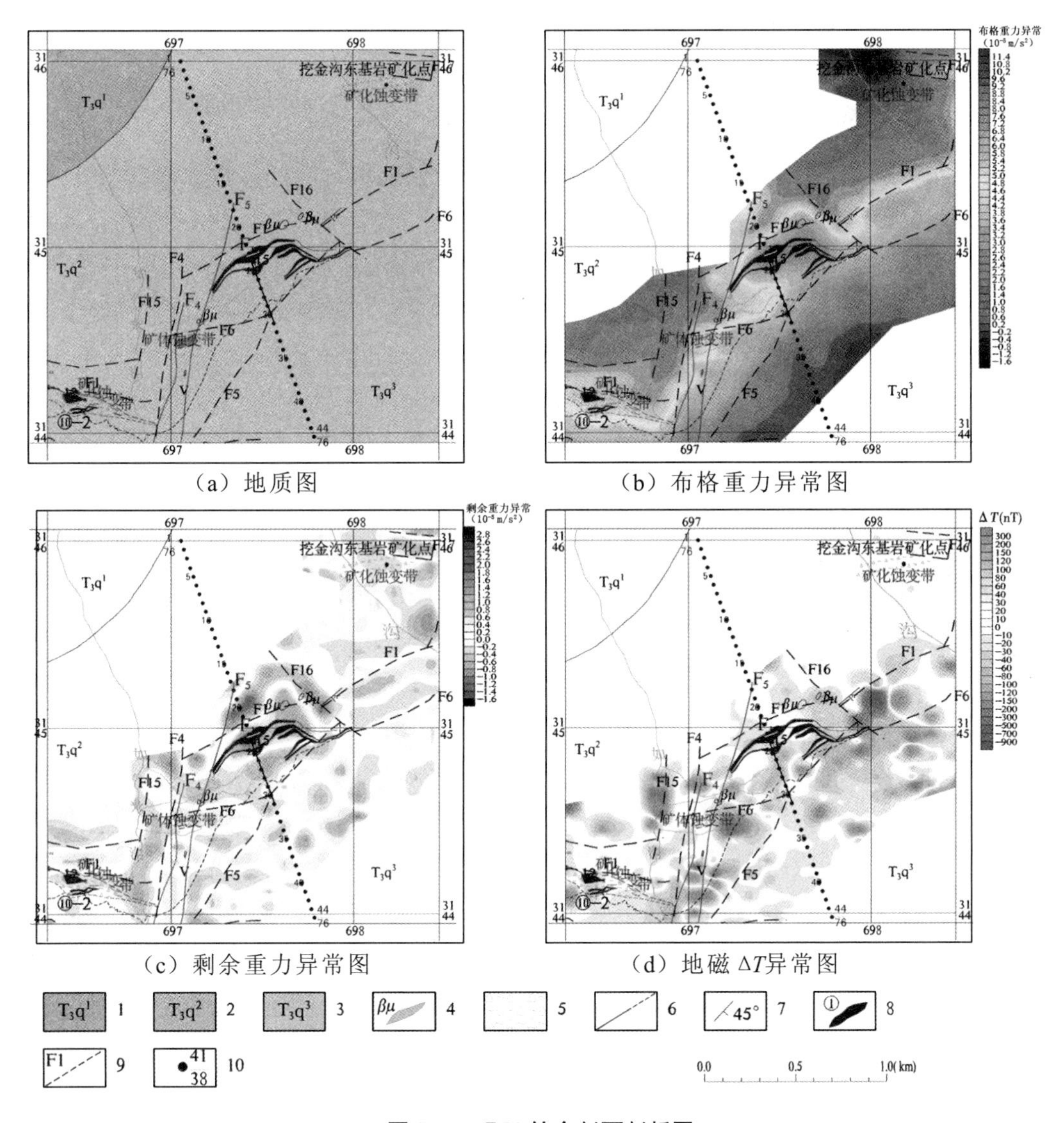

图 7−1　P76 综合剖面剖析图

1−上三叠统曲嘎寺组灰岩段；2−上三叠统曲嘎寺组碎屑岩段；3−上三叠统曲嘎寺组基性火山岩段；4−辉绿岩；5−含矿构造蚀变带；6−实测及推测断裂；7−地层产状；8−矿体及编号；9−推测断裂；10−AMT 测点

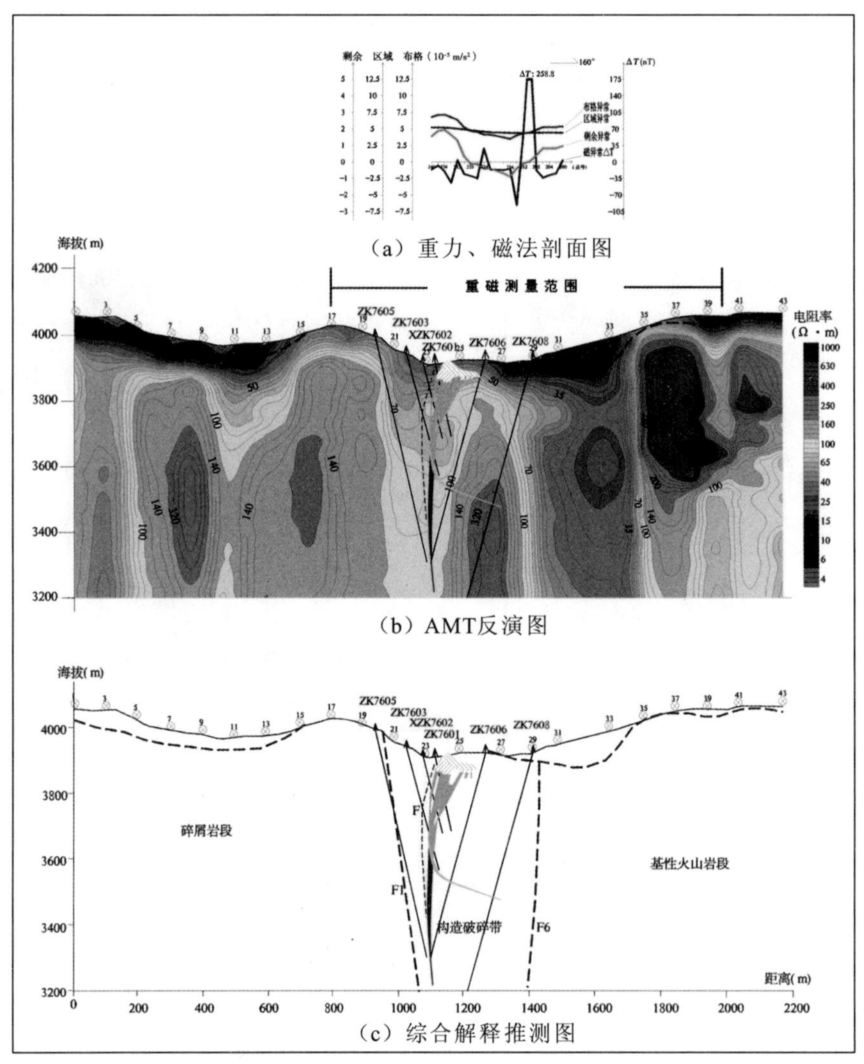

图 7-2　P76 剖面重磁电综合解释图

P76 勘探线主要位于 15 号矿体处，北西向垂直穿越 15 号矿体。P76 剖面上各个不同地质体（碎屑岩、灰岩与基性火山岩段等）的电阻率值均表现为不同的空间异常形态展布；从 P76 剖面上可以看出，在剖面中部存在明显的相对中阻异常体，推测为主要的构造破碎矿化带，其浅部倾角较陡，深部近似直立，推测该异常可能为矿体或由矿体引起，且其向深部展布的形态较好，有较明显的第二成矿空间存在。

该段剖面的重磁特征显示，15 号矿体上呈明显的重力高异常，无明显的地磁异常。根据重磁异常推测的 F1 和 F6 断裂，其剖面电阻率异常均显示出高低阻分界特征。F1 与 F6 断裂之间呈构造破碎带特征，既有高阻异常也有低阻异常，根据物性参数成果推测，低阻异常可能由砂板岩引起，高阻异常可能由断层角砾岩引起。推测断裂 F6 的南东段，地磁场由平静场向幅值相对较高处过渡，AMT 测深上显示有低阻异常体，结合物性分析，基性火山岩段内呈现低阻相对高磁特征的岩石主要是凝灰岩。

分析矿体的重磁电地球物理特征可得出以下结论：由重力场和地磁场的变化趋势可

以大致区分出 T_3q^2 碎屑岩地层和 T_3q^3 基性火山岩地层，具体来说，由北向南重力场呈低重力场向高重力场过渡的梯级带特征，地磁场呈平静场向串珠状异常、负异常过渡的趋势，大致标志出两套地层的分界线；电法资料表明，高低阻分界线是构造断裂的电性特征响应，但部分高低阻异常显示了不同亚段的分界。

二、P91 重磁电综合剖面成果

P91 剖面主要位于研究区西部，1 号矿体西侧，布设的主要目的是探测 F1 控矿断裂构造带向西侧延伸的情况。

从 P91 综合剖面剖析图（图 7－3）可以看出，该剖面跨越上三叠统曲嘎寺组单斜构造，重力场特征由北向南显示出低重力场向高重力场过渡的趋势，剩余重力异常表明该段存在北东向、近东西向重力高异常，地磁场表现为低缓正磁异常—平静场—负异常变化的特征，其中负异常区内存在串珠状异常。

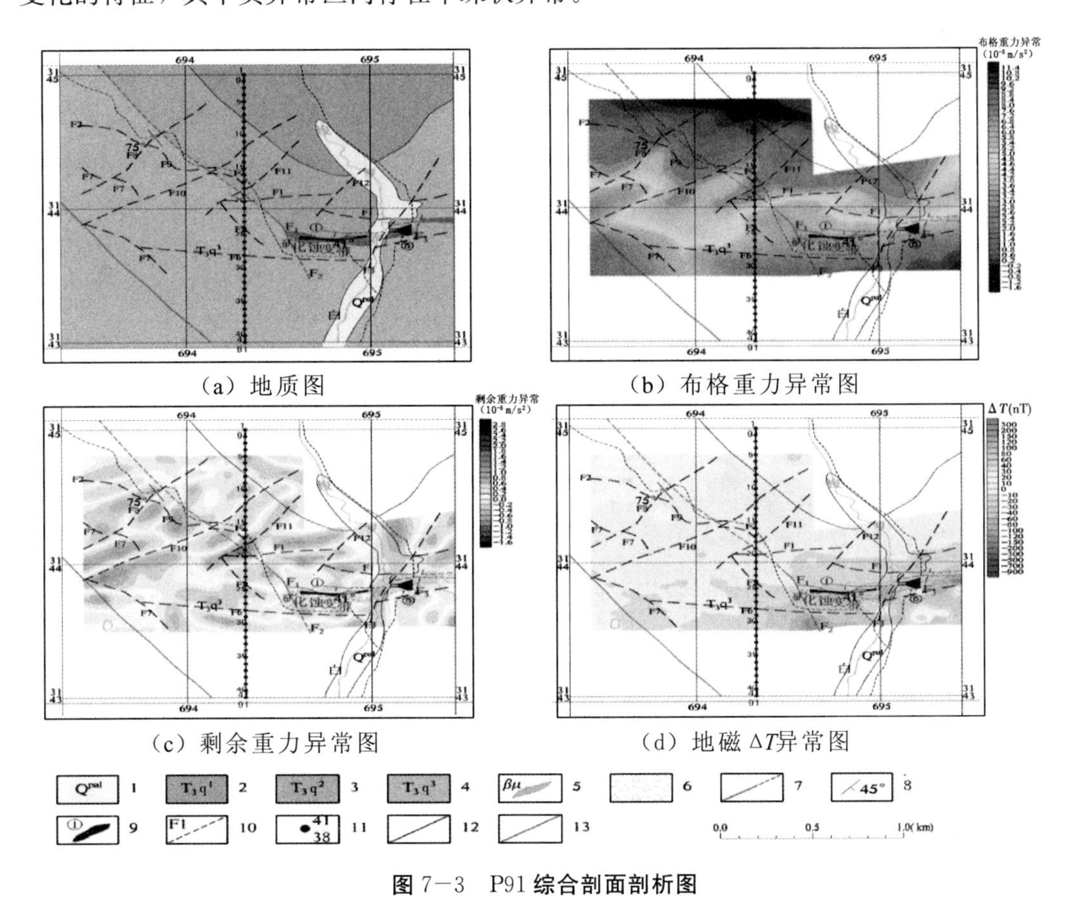

图 7－3　P91 综合剖面剖析图

1－第四系；2－上三叠统曲嘎寺组灰岩段；3－上三叠统曲嘎寺组碎屑岩段；4－上三叠统曲嘎寺组基性火山岩段；5－辉绿岩；6－含矿构造蚀变带；7－实测及推测断裂；8－地层产状；9－矿体及编号；10－推测断裂；11－AMT测点；12－重磁剖面；13－激电测深剖面

P91 综合剖面剖析图（图 7－3）上重磁测量成果与面积测量所显示的特征一致，在重磁剖面测点304号、AMT测点20号附近，布格重力值由低幅值向高幅值过渡，地磁场由平静场向负异常过渡，该段即推测的F1断裂处。根据物性成果，曲嘎寺组地层内，灰岩段和碎屑岩段岩石具有相对较高的磁性和低密度的特征，基性火山岩段各类岩石具有低磁性（除了辉绿岩和凝灰岩）和高密度的特征，因此可根据重磁测量结果大致划分出基性火山岩段与灰岩段、碎屑岩段的分界，基性火山岩段内的辉绿岩和凝灰岩由于具有相对较高的磁化率和剩余磁化强度，推测受后期构造的影响，使得两者的剩磁方向与现今感磁方向有较大的差异，故在基性火山岩段内呈局部幅值相对较高的负异常。

P91剖面重磁电综合解释图（图7－4）中的激电测深拟断面图［图7－4（b）、（c）］上，第四系不均匀地质体造成激电测深电阻率拟断面图［图7－4（b）］浅部特征不规律、中深部电阻率等值线表现出由缓倾至向南倾斜的特点，剖面南侧整体呈低阻特征；同时，激电测深极化率拟断面图［图7－4（c）］显示中深部极化率等值线极化率也呈现出向南倾的趋势，深部地质体总体表现出中高阻高极化特征，与物性成果中断层角砾岩高阻高极化特征类似。

P91剖面重磁电综合解释图（图7－4）中的激电测深电阻率拟断面图［图7－4（b）］显示的激电测深特征表明，在270号测深点附近，电阻率等值线呈现高低阻接触带特征，重力、磁法剖面图［图7－4（a）］重磁异常呈梯级带特征，重磁电异常均表明该段存在断裂，根据重磁特征推断的F6断裂位置即位于该处。P76剖面上表现出的电性特征反映F6断裂南侧为低阻异常，根据这一特性，具备相对高密度、低阻、相对高磁性的岩石有凝灰岩、硅质凝灰岩等，这也说明了F6断裂很有可能是基性火山岩段内不同亚段的分界线。剖面深部的相对高阻高极化地质体，可能是部分断层角砾岩和黄铁矿化岩石引起的。

从P91剖面重磁电综合解释图（图7－4）中的AMT反演图［图7－4（d）］分析可知，音频大地电磁等值线横向上呈现明显的分块特征，从北向南，电阻率特征表现出明显的高阻向低阻变化的趋势，地层推测主要为T_3q^1（灰岩）—T_3q^2（碎屑岩）—T_3q^3（基性火山岩），这与激电测深同一段落内的特征是基本一致的，印证了研究区主要位于背斜南侧的地质特点。最后得到重磁电综合解释图［图7－4（e）］，结合本次物性工作成果来看，剖面北段表现出低重、高阻、相对高磁的综合地球物理特征，它是T_3q^1、T_3q^2地层中的石英岩、砂岩、灰岩、板岩等的反映，剖面南段则表现出高重、低阻、低磁的综合地球物理特征，T_3q^3基性火山岩段中的蚀变基性火山岩、玄武岩等岩石物性符合这一地球物理特征。有些地段地磁异常变化较大，可能是辉绿岩具有相对较强的剩磁，经后期改造，其方向与现今感磁方向有较大夹角，从而导致了较大的负异常。

综上所述，P91剖面重磁电综合解释图（图7－4）显示在重磁测点280号—328号一段、AMT测点15号—25号一段，构造破碎带的特征较明显，F1断裂向该剖面延伸的可能性极大。

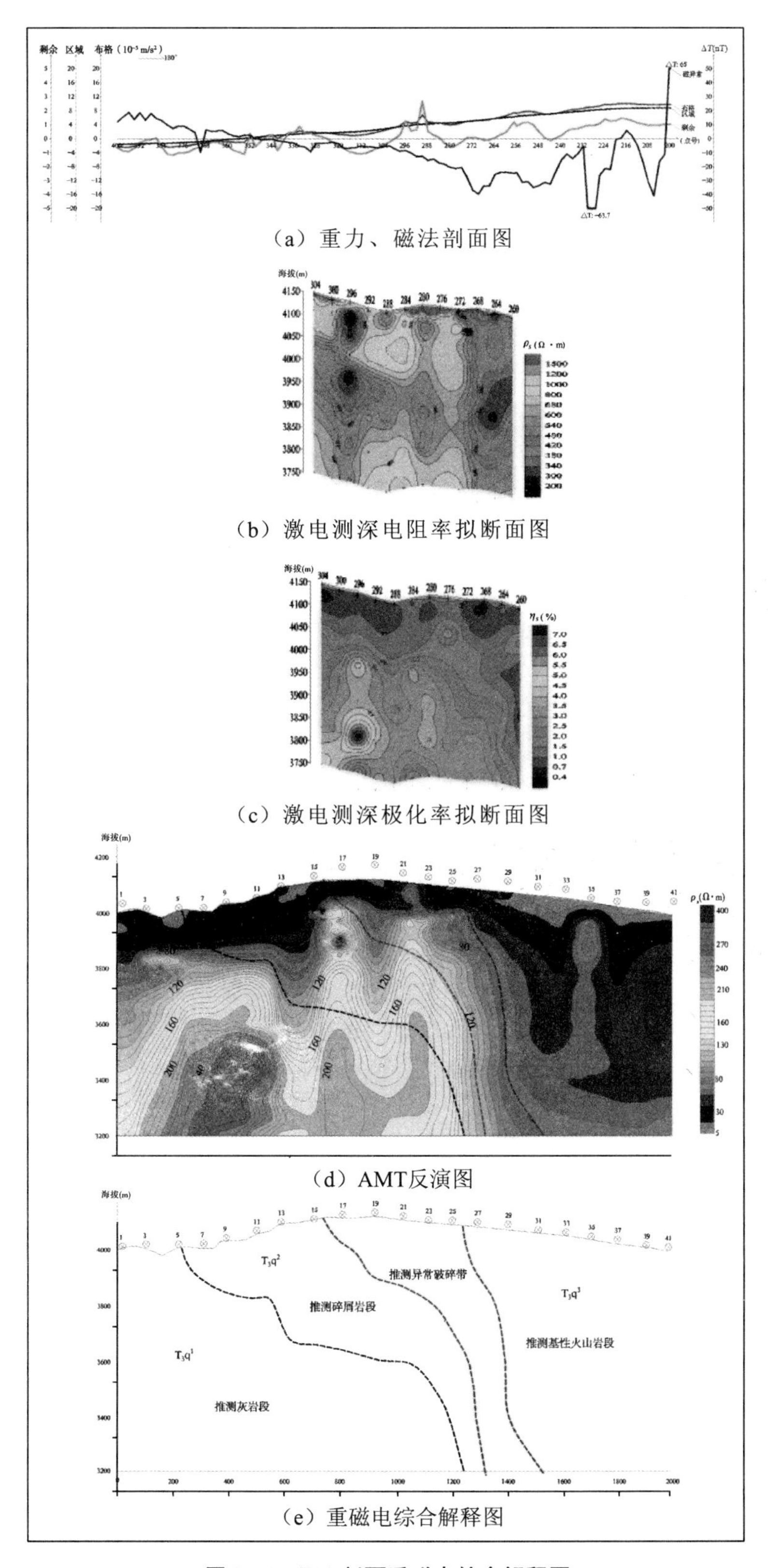

（a）重力、磁法剖面图

（b）激电测深电阻率拟断面图

（c）激电测深极化率拟断面图

（d）AMT反演图

（e）重磁电综合解释图

图 7－4　P91 剖面重磁电综合解释图

三、P128 重磁电综合剖面成果

P128 剖面布置在 F6 断裂以东，剖面方位为 160°。P128 剖面主要为探查矿化蚀变带在东部边界及东西向的空间延展状况，圈定找矿有利部位，对研究区内的金矿体等矿产资源做出初步评价。

P128 剖面主体位于 T_3q^2 和 T_3q^3 地层内（图 7-5），剖面北西段表现为平静磁场和低重异常，南东段表现为负磁、高重异常，反映了两套地层不同的磁性和密度特征。其中，重力场表现出的高低重梯级带，相比于磁场，对地层的划分更为准确。主要表现在磁测剖面上，平静场和负异常分界向南东位移至 AMT 的 20 号测点附近，即推测断裂 F6 附近，说明在进行面积测量时，该段部分测点受到干扰。此外，T_3q^3 地层第一、第二亚段内的蚀变基性火山岩、凝灰岩的无磁性或弱磁性也是导致该段无明显磁场特征的原因。

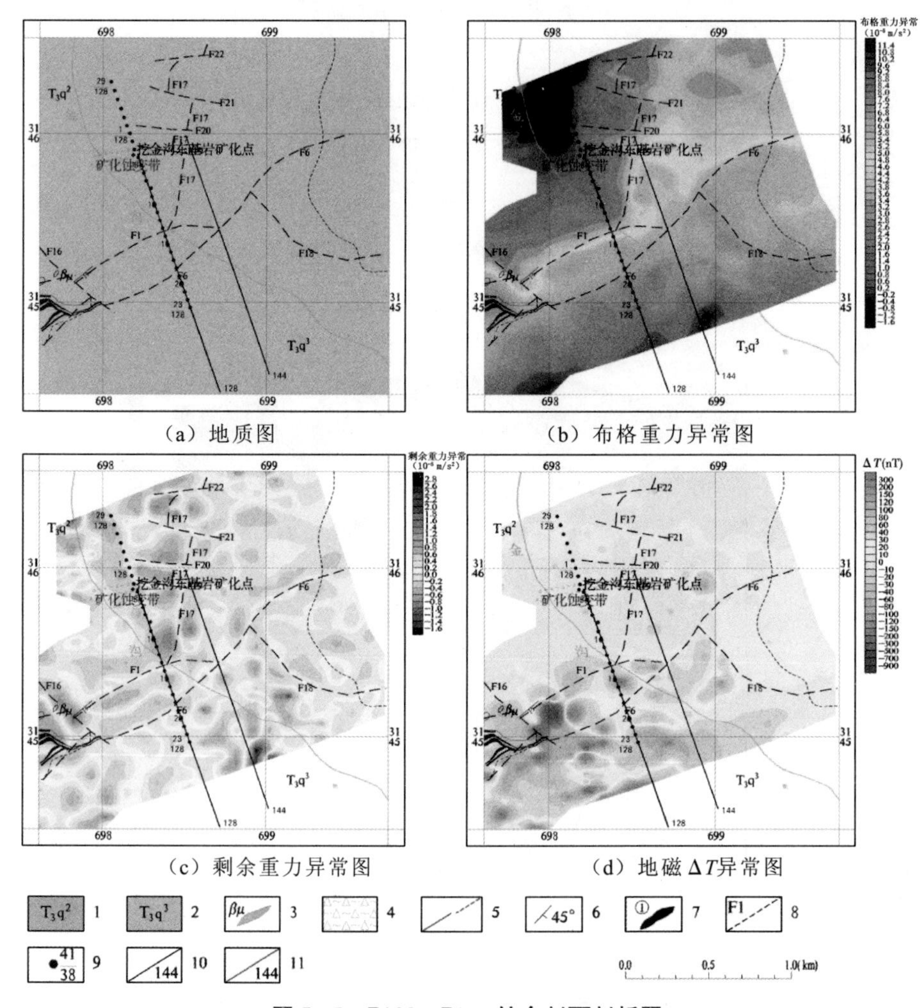

图 7-5 P128、P144 综合剖面剖析图

1-上三叠统曲嘎寺组碎屑岩段；2-上三叠统曲嘎寺组基性火山岩段；3-辉绿岩；4-含矿构造蚀变带；5-实测及推测断裂；6-地层产状；7-矿体及编号；8-推测断裂；9-AMT 测点；10-重磁剖面；11-激电测深剖面

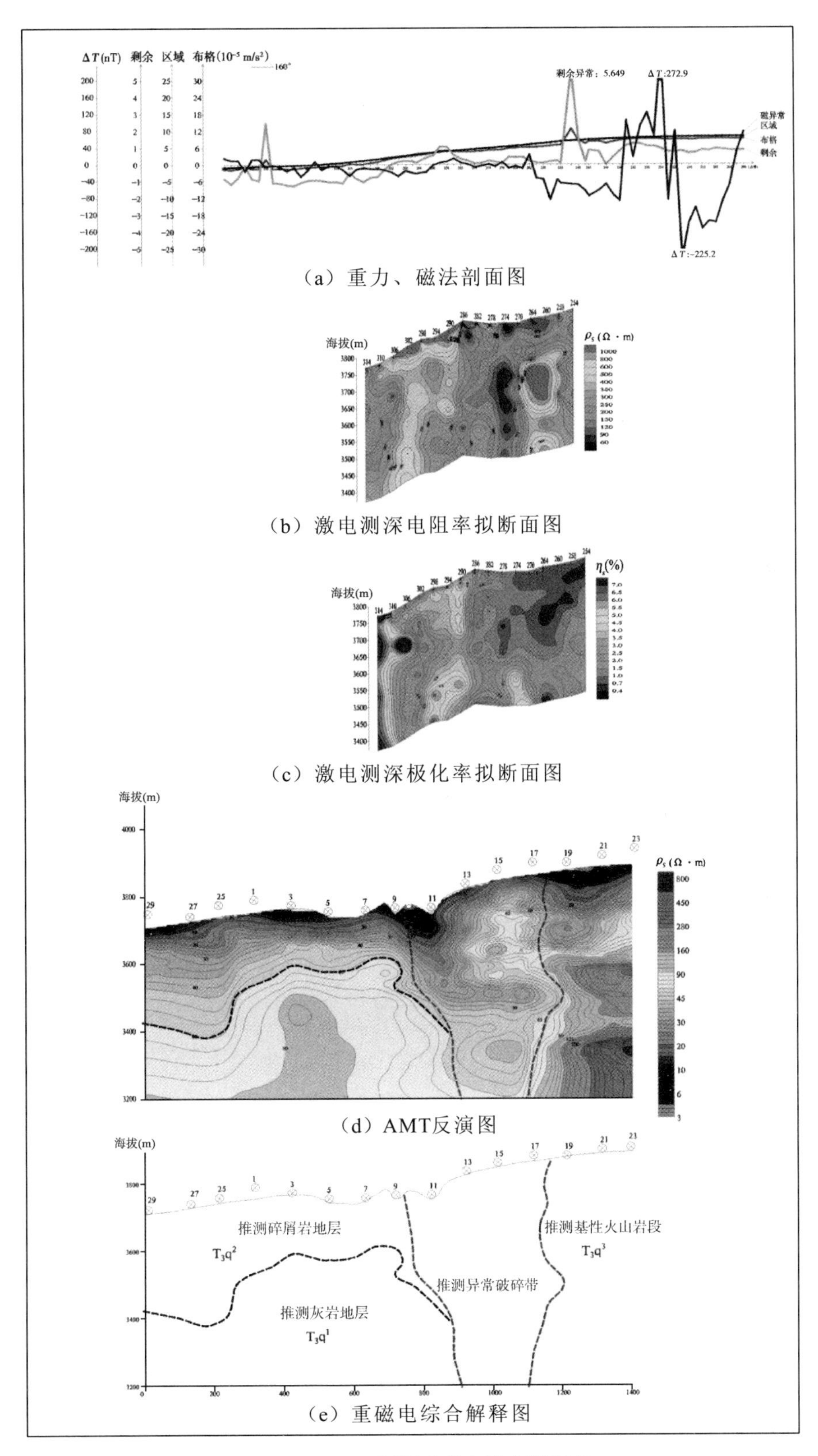

图 7－6　P128 剖面重磁电综合解释图

P128 剖面重磁电综合解释图（图 7－6）中的激电测深电阻率拟断面图［图 7－6（b）］和激电测深极化率拟断面图［图 7－6（c）］显示，剖面上 302 号—280 号测点之间的高阻、高极化地质体，夹持在推测断裂 F1 和 F6 之间，表现出相对高阻、高极化的电性特征，推测可能受黄铁矿化和断层角砾岩影响所致。在此激电异常南北侧，表现出低阻、低极化特征，局部存在团块状高阻、低极化或低阻、高极化电性异常，反映了两侧基性火山岩段和碎屑岩段的电性特征。

由 P128 剖面重磁电综合解释图（图 7－6）中的 AMT 反演图［图 7－6（d）］可知，在以往的 9 号—18 号测点附近表现出明显的高低阻接触带特征，推测为断裂破碎带，与推测的 F1 和 F6 断裂位置大致吻合。推测的破碎带整体南倾，在海拔 3500 m 左右局部倾角有变缓的趋势。

从综合物探异常来看，研究区内控矿断裂向东有一定的延伸，尤其在重力场和电性特征上反应较明显，地磁场在研究区东西两侧基本已趋近于平静场，地磁场的串珠状异常和水平方向梯度上表现出的梯度较陡等特征也不明显。

四、P144 重磁综合剖面成果

P144 剖面位于 P128 剖面以东，从 P128、P144 综合剖面剖析图（图 7－5）可以看出，该段剖面整体位于重力高异常中，重力高异常除了向北东东方向延伸外，同时向北东向也有较明显的延伸趋势。

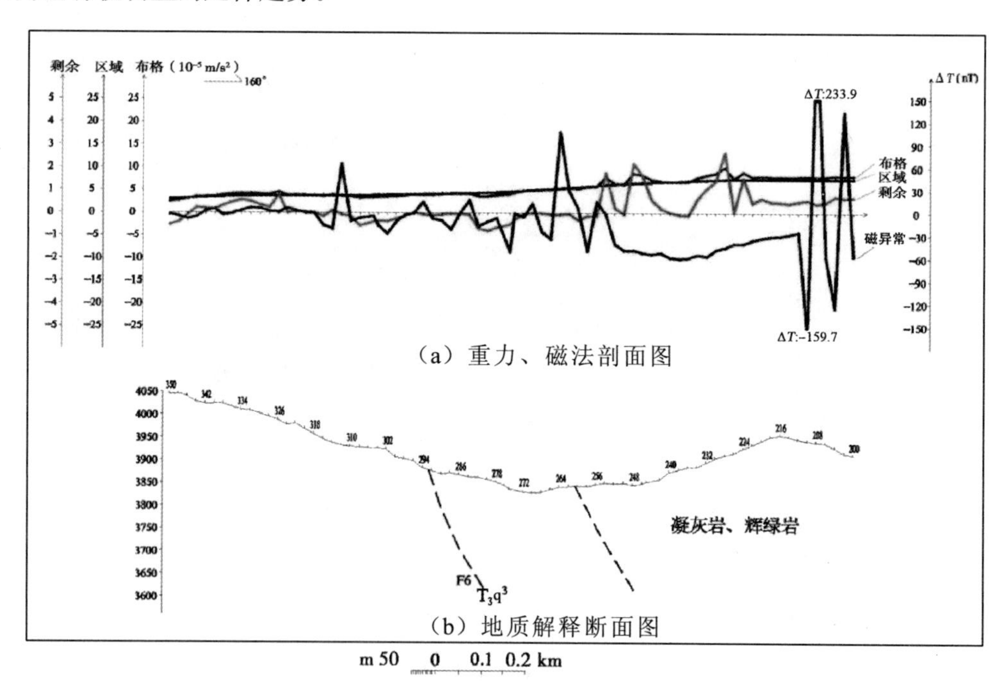

图 7－7　P144 剖面重磁综合解释图

根据P144剖面重磁综合解释图（图7－7），结合物性成果，推测剖面位处T_3q^3地层内，布格重力异常表现出明显的高重特征。P144剖面重磁综合解释图（图7－7）中的重力、磁法剖面图［图7－7（a）］显示，布格重力异常表现出明显的高重特征，剩余重力异常南东段高于剖面北西段；磁法剖面北西段呈平静场特征，南东段表现为幅值相对变化较大的负异常。由以上原因，推测可能是凝灰岩等具有一定磁性的岩石。

从P144剖面重磁综合解释图（图7－7）还可以看出，在已知矿体上，均表现出重力梯级带和负磁异常特征，根据这一地球物理特征，推测主要控矿断裂向东延伸，但实测的左行走滑F6断裂，断距较大；在挖金沟矿化点东侧，也存在明显的北东向重力梯级带，推测该区存在类似性质的走滑断裂，可能会对控矿断裂的连续性造成破坏。

第二节　地质—地球物理模型

一、地质特征

根据前述本次研究工作得到的典型矿床地质—地球物理特征，总结梭罗沟金矿矿床的成矿特征，归纳如下：

研究区大地构造位置处于甘孜—理塘构造带南段，从晚二叠世开始至晚三叠世末为扬子被动大陆边缘的构造活动带和洋内裂谷带，发育了多个阶段的海相火山岩；印支期末至喜山期为松潘—甘孜造山带和扬子地台的碰撞接合带与陆内造山带，发生了复杂的构造—沉积—火山事件。

梭罗沟金矿属构热液型金矿床，产于上三叠统曲嘎寺组一套基性火山岩系，岩性为碳酸盐化、绢云母化、钠长石化、黄铁矿化、毒砂矿化的蚀变基性凝灰岩和基性凝灰角砾岩、蚀变中基性火山岩。受近东西向展布的构造破碎带控制，属浅成、中低温热液金矿床。表7－1为梭罗沟金矿地质及矿物特征简表。

表7－1　梭罗沟金矿地质及矿物特征简表

特征	梭罗沟金矿
构造背景	甘孜—理塘构造带，碰撞造山带
与构造的关系	成矿同步或晚于近东西向断裂形成时期，可能形成于义敦岛弧与扬子陆块西缘的碰撞造山过程中
控矿构造	矿体产于近东西向断裂控制的构造蚀变带中
矿体特征	矿体形态呈脉状、透镜体，延深达300 m以上，矿体边界清楚
矿石类型	矿石主要为蚀变玄武岩和蚀变凝灰岩，石英脉相对发育

续表7-1

特征	梭罗沟金矿
矿石矿物	金属矿物主要为黄铁矿和毒砂
矿化期次	三阶段矿化：早阶段石英—他形黄铁矿化，中阶段石英—五角十二面体黄铁矿—毒砂化，晚阶段石英—碳酸盐＋立方体黄铁矿化

注：表格参考自杨永飞、刘书生、聂飞等：《四川木里梭罗沟金矿床流体包裹体研究及矿床成因》，载于《矿床地质》，2019 年第 38 卷第 2 期：261～276。

二、物探特征

（一）物性特征

研究区内基性火山岩密度大于碎屑岩密度，其中辉绿岩密度最高，凝灰岩、断层角砾岩、基性火山岩等基性岩表现为中高密度特征；无强磁性岩石，辉绿岩、凝灰岩、煌斑岩磁化率在 200～300（$\times10^{-6}\times4\pi$SI）之间，其余岩石磁化率均低于 100（$\times10^{-6}\times4\pi$SI）；研究区内断层角砾岩、凝灰岩、硅化凝灰岩具有一定的极化率，可通过激电异常判断构造展布或延伸情况，同时，研究区内板岩、砂质板岩、炭质板岩也具有一定的极化率，但断层角砾岩、凝灰岩、硅化凝灰岩电阻率较高。

（二）重力场特征

研究区布格重力异常表现为密集的梯级带特征，均有断裂发育，矿体西段剩余重力异常表现为重力高—重力低的接触部位，反映了构造两侧的密度差异；东段 15 号矿体剩余重力异常表现为重力高异常，推测由基性火山岩和矿体共同引起。研究区的重力特征表明，在研究区东段，F6 断裂向东、向北东方向均有一定的延伸。

（三）地磁场特征

研究区地磁场无明显强磁异常。但研究区南北两侧磁异常特征具有一定的差异，北侧以平静场为主，南侧为梯度较小的局部团块状、串珠状异常，反映了上三叠统曲嘎寺组二段碎屑岩和三段基性火山岩的磁性差异。

（四）激电特征

研究区激电异常表现为中高阻相对高极化的电学特征，极化率幅值在 4.0％以上，电阻率在 400 Ω·m 以上。激电工作推测的异常位置位于大地电磁所推测的构造带内，推测由构造附近的角砾岩、凝灰岩等引起。

（五）AMT 电阻率特征

研究区南北向 AMT 剖面电阻率表现为高低阻接触带特征，在推测断裂北侧主要表现为高阻异常，南侧主要表现为低阻或中阻特征，两侧的电阻率差异主要由碎屑岩和基性火山岩的物性所致。

综上所述，研究区内所开展的重、磁、电物探工作，主要是通过构造两侧的地质体物性差异或构造所致的岩浆活动推测控矿构造的走向展布及延伸的空间分布规律，并基于上述特征达到间接寻找金矿的目的。

根据以上地质、物探特征，建立梭罗沟金矿地质—地球物理模型，见表7—2。

表7—2　梭罗沟金矿地质—地球物理模型

<table>
<tr><td>名称</td><td colspan="6">梭罗沟金矿</td></tr>
<tr><td rowspan="2">概况</td><td>东经</td><td>100°55′30″～101°03′30″</td><td>北纬</td><td>28°23′00″～28°25′30″</td><td>地理位置</td><td>四川省木里县北西</td></tr>
<tr><td>主矿种</td><td>金</td><td>金矿规模</td><td>大型金矿</td><td>品位（%）</td><td>3.96～5.09</td></tr>
<tr><td rowspan="2">区域背景</td><td>大地构造位置</td><td colspan="5">甘孜—理塘构造带</td></tr>
<tr><td>区域地球物理</td><td colspan="5">区域重力表现为重力低特征，反映了义敦岛弧、锦屏山推覆造山带碎屑岩等密度特征；航磁 ΔT 异常呈梯度缓的弱正磁异常区内，反映了区域变质及岩浆活动，同时也反映了三叠系碳酸盐岩、碎屑岩的磁测特征</td></tr>
<tr><td rowspan="5">地质</td><td>地层</td><td colspan="5">上三叠统曲嘎寺组二段碎屑岩、三段基性火山岩构造蚀变带</td></tr>
<tr><td>构造</td><td colspan="5">向南倾或南南东倾斜的单斜构造，断层构造较为复杂，以近东西向、近南北向、北西向、北东向四组断裂组成基本构造格架，其中东西向断裂为控矿构造</td></tr>
<tr><td>岩浆岩</td><td colspan="5">基性火山岩</td></tr>
<tr><td>赋矿部位</td><td colspan="5">曲嘎寺组基性火山岩段</td></tr>
<tr><td>直接找矿标志</td><td colspan="5">绢云母化、钠长石化、黄铁矿化、毒砂矿化的蚀变基性凝灰岩和基性凝灰角砾岩、蚀变中基性火山岩</td></tr>
<tr><td>控矿的主要因素</td><td colspan="6">主要受断裂控制</td></tr>
<tr><td rowspan="2">矿床的空间分布特征</td><td>产状</td><td colspan="5">西段控制矿体长为896 m，最大斜深为345 m，矿体平均厚度为9.88 m，平均品位为 3.21×10^{-6}；矿体向北或北北西倾，倾角为65°～70°
东段控制矿体长为560 m，控最大斜深为375 m，矿体平均厚度为36.03 m，平均品位为 4.03×10^{-6}；矿体倾向为320°～360°，倾角为48°～80°</td></tr>
<tr><td>形态</td><td colspan="5">西段矿体：中西段窄，向东变宽的长条脉状，剖面上呈总体向下变窄，尖灭再现、侧现，或分支的脉状
东段矿体：不规则的长透镜状，东段有分支现象，剖面形态总体呈上宽下窄，北陡南缓漏斗状</td></tr>
<tr><td rowspan="3">矿床的矿物组成</td><td>矿石类型</td><td colspan="5">金矿体</td></tr>
<tr><td>矿物组合</td><td colspan="5">金属矿物主要有黄铁矿和毒砂，含少量褐铁矿、蓝铜矿等氧化矿物。主要脉石矿物为绢云母、石英、白云石和方解石，次为钠长石、次闪石、绿泥石等</td></tr>
<tr><td>结构构造</td><td colspan="5">黄铁矿呈他形粒状，立方体，五角十二面体，粒度一般在0.05～0.2 mm之间。他形粒状黄铁矿在矿石中多呈团块状集合体及细脉状产出；立方体、五角十二面体黄铁矿多呈浸染状或细脉状产出。毒砂呈自形的菱形、延长状菱形，粒度一般在0.05～0.3 mm之间。毒砂多呈星点状产出，常见有穿插黄铁矿的特征。五角十二面体黄铁矿、毒砂为主要的载金矿物</td></tr>
</table>

续表7－2

名称	梭罗沟金矿	
矿床的地球物理特征及标志	探测目标物	以构造两侧或构造活动岩浆岩所产生的地球物理特征为标志间接找矿
	物性特征	密度特征：曲嘎寺组基性火山岩密度大于碎屑岩段各类岩石密度，其中以辉绿岩密度最高，凝灰岩、断层角砾岩、基性火山岩等基性岩次之 电性特征：断层角砾岩、凝灰岩、硅化凝灰岩具有一定的极化率 磁性特征：全区岩矿石磁性较弱，其中辉绿岩、凝灰岩、煌斑岩磁化率最高，其余岩石磁化率低于 $100\times10^{-6}\times4\pi$SI
	重力异常	岩性接触带、构造表现为重力梯级带特征，反应异常两侧岩性密度具有一定的差异，重力低异常反映曲嘎寺组碎屑岩段密度特征，重力高主要反映基性火山岩特征；重力异常等值线密集分布，呈东西走向，矿区东段梯级带有向东、北东延伸的趋势
	激电异常	中高阻、中高极化特征，极化率值大于 4.0%，异常位于推断构造部位，推断激电异常可能由角砾岩、凝灰岩等引起
	磁异常	研究区地磁异常幅值低，北侧碎屑岩段磁异常梯度缓，表现出平静场特征；南侧梯度相对较大，局部团块状、串珠状异常
	大地电磁电阻率异常	高低阻过渡带特征，北侧主要表现为高阻异常，南侧主要为低阻或中阻特征；两侧的电阻率差异主要由碎屑岩和基性火山岩的物性差异所致
成矿时期	不早于东西向构造形成时期	

第三节　成矿远景区划分

一、划分依据

（一）地质依据

研究区位于以上三叠统曲嘎寺组地层（T_3q）为主的单斜构造内，由北向南岩性分为灰岩段、碎屑岩段和火山岩段，曲嘎寺组火山岩段（T_3q^{3-1}）和碎屑岩段中第四亚段（T_3q^{2-4}）呈断层接触关系，两者之间的近东西向、北东向构造集控矿、导矿、容矿于一体，矿体呈东西向或北东向展布。

（二）物探依据

研究区内的重力场和地磁场特征不同程度地反映了构造展布的规律，低密度、低磁性的灰岩段（T_3q^1），碎屑岩段（T_3q^2）和相对高密度、相对高磁的火山岩段（T_3q^{3-1}）反映出不同的综合物探特征，沿构造展布方向，重力场呈梯级带特征，地磁场呈串珠状异常特征。其中，重力梯级带异常在研究区东西两侧有明显的延伸趋势，研究区东部，梯级带还有向北东向延伸的可能。

研究区的激电特征和AMT电阻率特征均反映了一定的构造特征，具体表现在高低阻接触带或低阻异常。其中，激电异常在推测断裂处表现出相对高阻高极化的电性特征，根据物性成果推测与断层角砾岩和凝灰岩等有关。

研究区内1号、10号、15号矿体规模较大，以原F5断裂为界，大体可以分为东西两个矿带，两个矿带的物探特征不尽相同。西部矿带的1号、10号矿体，位于重力梯级带、串珠状地层异常附近，测深剖面表明矿体产自高低阻接触带附近；东部矿带的15号矿体，物探特征表现为重力高异常，无明显的地磁异常，测深成果反应矿体产自低阻异常带内，两侧呈相对高阻异常。

综上所述，在研究区西部，以重力梯级带、高低阻接触带作为找矿的物探异常标志；在研究区东部，以重力高异常、低电阻率异常为找矿的物探异常标志。

二、成矿远景区划分

根据上述成矿远景区划分依据，结合研究区1∶10000扫面工作重磁特征、1∶5000剖面重磁电特征及地质资料，划分出5个成矿远景区。

第八章　研究区物探研究成果实用性分析

第一节　物探方法组合的有效性分析

目前，国内外金矿勘探使用的扫面方法主要是重磁法、激发极化法、自然电位法等；测深方法主要是激电测深法、可控源音频大地电磁测深法（CSAMT）、EH4 连续电导测量系统法、音频大地电磁测深法（AMT）、大地电磁测深法（MT）、频谱激电法（SIP）等。现将国内西部地区部分金矿勘探工作使用的物探方法（地球物理方法）进行统计，见表 8−1。

表 8−1　国内西部地区部分金矿勘探工作使用的物探方法（地球物理方法）统计

省、市、自治区	矿区	地球物理方法		地球物理特征
		扫面方法	测深方法	
甘肃	柳园花牛山金矿	激发极化法	激电测深法	低阻高极化
	马坞金矿	重力磁法	AMT、MT	高重高磁、低阻
	阳山金矿	重力磁法、激发极化法	激电测深法、AMT、MT、EH4	高重高磁、低阻高极化（等值线梯度变化最大处）
宁夏	柳沟金矿	重磁法、激发极化法	激电测深法、AMT、MT、EH4	高重高磁、低阻高极化（等值线梯度变化最大处）
	银南金矿			
	马场金矿			
新疆	金窝子金矿	重磁法		高重中磁
	康古尔金矿	激发极化法	激电测深法、AMT	低阻高极化
陕西	汉阴黄龙金矿	重磁法、激发极化法	激电测深法、AMT	高重高磁、低阻高极化（等值线梯度变化最大处）
	铧厂沟金矿	重磁法、激发极化法	激电测深法、AMT	
	双王金矿	重磁法、激发极化法	激电测深法、AMT	
西藏	弄如日金矿	激发极化法	激电测深法	低阻高极化
	多不杂铜金矿	遥感、激发极化法	激电测深法、CSAMT	低阻高极化

续表8－1

省、市、自治区	矿区	地球物理方法		地球物理特征
		扫面方法	测深方法	
四川	松潘东北寨金矿	重磁法		
	新台子金矿	重磁法、激发极化法	激电测深法、AMT	低阻高极化
	冕宁金林金矿	重磁法、激发极化法	激电测深法、AMT	低阻高极化
	丹巴燕子沟金矿	重磁法		
	缅萨洼金矿	重磁法、激发极化法	激电测深法、AMT	低阻高极化
	张家坪子金矿	重磁法		
	嘎拉金矿	重磁法、激发极化法	激电测深法	低阻高极化
	错阿金矿	重磁法、激发极化法	激电测深法	低阻高极化
贵州	灰家堡金矿	重磁法、激发极化法	激电测深法	低阻高极化
	丹寨排庭金矿	重磁法、激发极化法	激电测深法、AMT	低阻高极化
重庆	南川金矿	重磁法、激发极化法	激电测深法	低阻高极化
云南	广南底圩金矿	重磁法、激发极化法	激电测深法、AMT	低阻高极化
	大坪金矿	重磁法、激发极化法	激电测深法	低阻高极化

结合梭罗沟金矿的实际情况，从研究区的主要扫面构造来看，本次研究适宜选用1∶10000高精度重磁法。陡峭的地形不适宜使用激发极化法和自然电位法。虽然扫面可以用激电测深法、可控源音频大地电磁测深法（CSAMT）、EH4连续电导测量系统法、音频大地电磁测深法（AMT）、大地电磁测深法（MT）、频谱激电法（SIP）多条平行剖面的方式进行勘测，能解决金矿体的走向和倾向问题（相当于扫面），能适合全地形，但由于成本高、效率低、不经济等，而不被采用。

测深方法很多，主要是电（磁）原理的。结合梭罗沟金矿的地形、植被情况、测深设备进出场和施工的难易情况、探测目标体的赋存深度情况，最后决定探测深部金矿体使用音频大地电磁测深法（AMT）。探测研究区边缘隐伏金矿体采用激电测深法。由于地形陡峭影响到（大功率）激电测深法的效果，所以激电测深法成果只作参考，主要还是使用音频大地电磁测深法（AMT）的成果。频谱激电法（SIP）是本次研究设计阶段设计的方法之一，但因地形差、设备进出场困难、成本高、效率低、不经济等原因未被采用。大地电磁测深法（MT）主要解决超过600 m的金矿体，但它的深部分辨率并不理想，所以本次也没有采用。

综上所述，本次研究主要采用的是重磁法和音频大地电磁测深法（AMT）（辅之激电测深法），完全切合实际，且在国内外处于领先水平，满足并达到了本次研究的目的。以重磁法＋音频大地电磁测深法（AMT）的物探方法组合在梭罗沟金矿区进行勘探是有效、准确、快速的。音频大地电磁测深法（AMT）用于探查金矿的深部延伸情况，效果很好。

第二节　基础（扫面）物探取得成果的实用性分析

1∶10000 扫面工作重磁法在梭罗沟金矿区圈定划分矿化带和断裂构造位置方面具有较好的效果。梭罗沟金矿断裂构造的重力场特征主要是断裂构造在重力场水平方向梯度等值线上一般表现为极值的连线，在布格重力场上根据等值线的疏密程度，一般是梯度较大的地段，表现为梯度较陡的等值线。两者均反映了构造两侧地层或岩体的密度发生较大变化的趋势。梭罗沟金矿断裂构造的磁性物理特征主要是地磁场呈串珠状展布，地磁场等值线明显发生扭曲变形。本次异常分区和断裂构造均采用重力场特征成果。

由以上重力场特征可以把研究区分为两个区，即北侧Ⅰ区与南侧Ⅱ区。重力场分区反映了研究区单斜构造的特征，已发现的矿体位于分区边界处，表明矿体受构造控制。根据上述断裂构造推测的原则，研究区共推测断裂 22 条，以编号 F1～F22 按顺序编排，断裂以近东西向、北东向为主，局部为近南北向、北西向构造。

通过基础（扫面）物探划分的南北两个区和推测的 22 条断裂构造，符合梭罗沟金矿区的地质特点，有助于我们对音频大地电磁测深成果和激发测深成果的深入研究，尤其有助于以音频大地电磁测深成果确定深部金异常。

推测断裂 F1 与实测断裂 F1 存在一定位移，可能与断裂本身产状有一定关系，或者推测断裂 F1 平面展布是实测断裂 F1 的深部赋存形态在平面上的线性投影，这是一个新的认识。这将使我们对音频大地电磁测深取得的深部成果有新的认识。

第三节　综合物探异常取得成果的实用性分析

综合物探异常取得成果主要是物探推测成矿远景区和物探剖面成果的综合分析。

综合物探异常取得成果研究表明：在研究区西部（以断层 F5 为界），以重力梯级带、高低阻接触带作为找矿的物探找矿标志；在研究区东部，以重力高异常、低电阻率异常作为找矿的物探找矿标志。以此物探找矿原则，划分 5 个远景区（图 8－1）：

（1）第 1 远景区在西部，第一矿化带西延线上，F1 和 F2 断裂在此交汇。从 P91 剖面重磁电综合分析，激电测深效果不理想，无法预测浅部的金矿异常，但在深部 3400～3800 m 处应该有 1 号矿体的西延成矿空间。

（2）第 2 远景区位于 10 号矿体与 15 号矿体之间，原 F4 断裂与原 F5 断裂近似平行通过，较清楚地反映了 F1 断裂带的东西向延展情况，推测为两条矿化蚀变带。P38 剖面成果（主要是音频大地电磁测深成果）探明了 10 号矿体东向空间的延展情况。近南北向的 F4 断裂与 F5 断裂切割 10 号矿体东延部分及附近两条矿化蚀变带，推测深部仅存在规模较小的不明显的成矿第二空间。

（3）第 3 远景区位于 15 号矿体东北部，F1 断裂与 F6 断裂之间，剩余重力异常显示为重力高异常，磁异常显示为等轴状正负伴生异常。从 P128 剖面重磁电综合分析，音频大地电磁测深点 9 号—18 号测点附近表现出明显的高低阻接触带特征，推测为断裂破碎带，与推测的 F1 断裂、F6 断裂位置大致吻合。推测的断裂破碎带整体南倾，在海拔 3500 m 左右变得陡立。推测在海拔高程 3300～3700 m 存在 15 号矿体的东延部分。

（4）第 4 远景区位于第 3 远景区北部，存在挖金沟东基岩矿化点和矿化蚀变带，物探推测的 F17 断裂与 F19 断裂、F20 断裂在此垂直交汇，剩余重力异常显示为重力高异常，磁异常显示平缓。P128 剖面和 P144 剖面西北尾支跨越第 4 远景区很小一部分，且两线西北支金矿显示不明显，划分第 4 远景区主要根据重磁资料的推测结果。

（5）第 5 远景区位于第 3 远景区东部，物探推测的 F6 断裂与 F18 断裂在此交汇，剩余重力异常显示为环状重力高异常，磁异常无明显显示。推测第 5 远景区主要是根据重磁资料而来，因为本远景区探矿工程很少，所以在 5 个远景区中成矿条件最差。

本次研究工作重点寻找深部第二成矿空间，因此对 15 号矿体深部进行了详细研究。15 号矿体是目前的采矿重要区域，但主要是露天开采。P76 剖面主要位于 15 号矿体处，北西向垂直穿越 15 号矿体。P76 剖面上各个不同地质体（碎屑岩、灰岩与基性火山岩段等）的电阻率值表现为不同的空间异常形态展布。从 P76 剖面的综合解释成果可以看出，在剖面中部存在明显的相对中阻异常体，推测为主要的构造破碎矿化带（海拔 3200～3800 m）；其浅部倾角较陡，深部近似直立，推测该异常可能为矿体或由矿体引起；且其向深部展布形态较好，有较明显的第二成矿空间存在。本次综合物探研究的重要成果就是发现 15 号矿体的深部异常。

综上研究，15 号矿体在海拔高程 3200～3800 m 的物探异常和第 3 远景区在海拔高程 3100～3800 m 的物探异常，而且第 3 远景区深部异常是 15 号矿体深部异常的延伸。

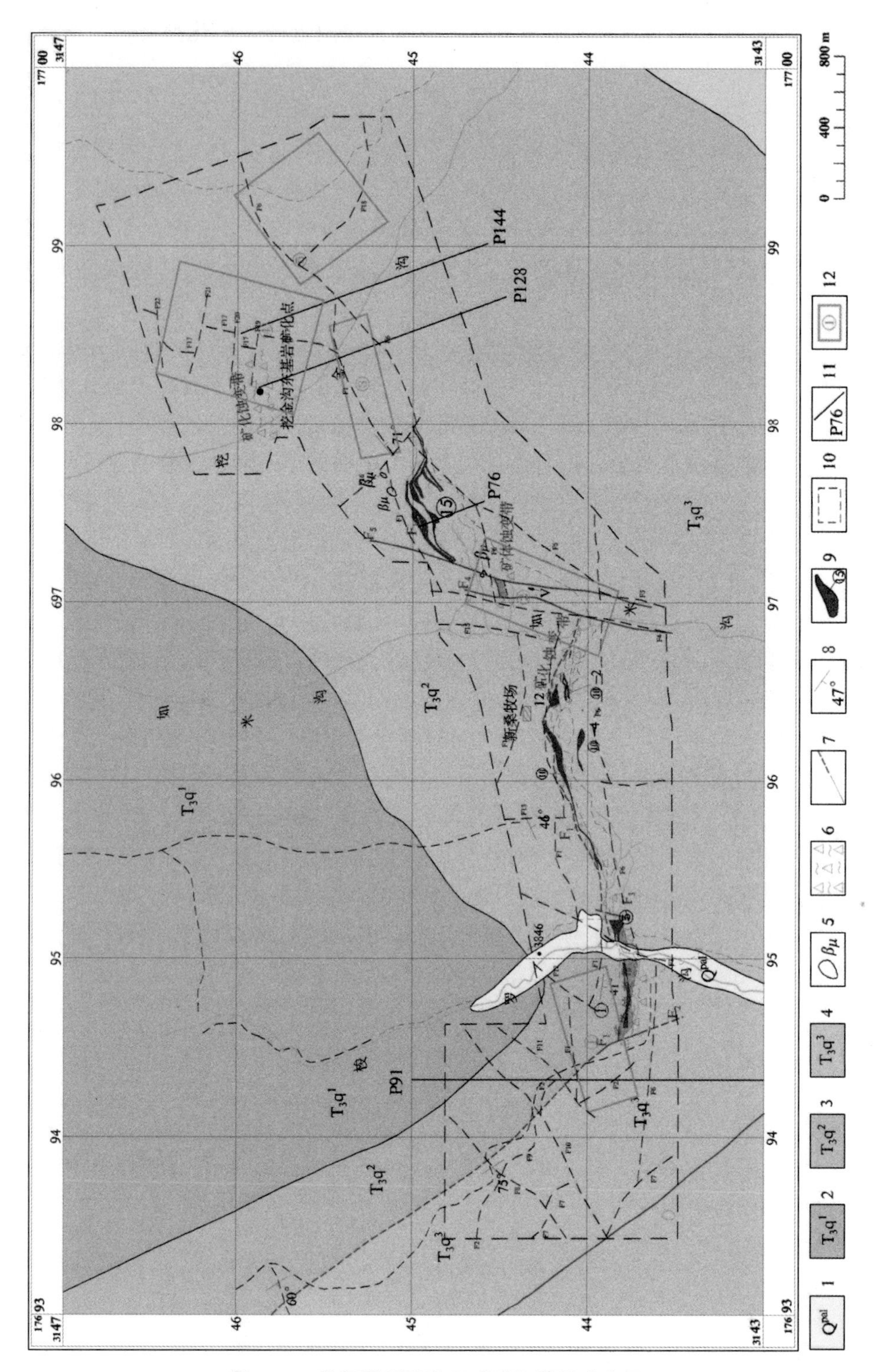

图 8－1　物探推测研究区成矿远景区分布图

1－第四系；2－上三叠统曲嘎寺组灰岩段；3－上三叠统曲嘎寺组碎屑岩段；4－上三叠统曲嘎寺组基性火山岩段；5－辉绿岩；6－含矿构造蚀变带；7－实测及推测断裂；8－地层产状；9－矿体及编号；10－重磁工作范围；11－重磁电剖面及编号；12－成矿远景区及编号

参考文献

［1］喻安光，卢玫瑰，宋晓华，等. 四川木里梭罗沟金矿床特征［J］. 四川地质学报，2014，34（4）：514－516.

［2］高伊航，沈军辉，苏永军，等. 大地电磁测深在潍坊滨海区划分断裂和构造单元中的应用［J］. 物探化探计算技术，2019，41（1）：104－109.

［3］徐志明，周福笺，范晓，等. 四川木里县梭罗沟金矿补充勘探报告［R］. 2009.

［4］陈毓川，王登红，等. 中国西部重要成矿区带矿产资源潜力评估［M］. 北京：地质出版社，2010.

［5］范晓，江元生，何虹，等. 四川省木里县梭罗沟金矿普查—详查——四川省甘孜—理塘构造带梭罗沟式金矿成矿条件、成矿模式及远景预测研究［C］//2008年度中国地质科技新进展和地质找矿新成果资料汇编，2008.

［6］刘书生，范文玉，聂飞，等. 四川木里梭罗沟金矿床地质特征及控矿因素分析［J］. 黄金，2015，36（6）：8－13.

［7］王兆成，勾永东，范晓，等. 四川木里梭罗沟金矿黄铁矿标型特征及地质意义［J］. 物探化探计算技术，2012，34（6）：729－734.

［8］杜金锐. 四川梭罗沟金矿床地质特征与成因初探［D］. 成都：成都理工大学，2012.

［9］潘桂棠，陈智梁，李兴振，等. 东特提斯地质构造形成演化［M］. 北京：地质出版社，1997.

［10］魏永峰，罗森林. 甘孜—理塘结合带中部花岗岩的地质特征［J］. 四川地质学报，2003，23（1）：5－9.

［11］侯增谦，王二七，莫宣学，等. 青藏高原碰撞造山与成矿作用［M］. 北京：地质出版社，2008.

［12］邹光富. 甘孜—理塘板块缝合带研究的新进展［J］. 四川地质学报，1995，15（4）：257－263.

［13］付小芳，应汉龙. 甘孜—理塘断裂带北段新生代构造特征及金矿成矿作用［J］. 中国地质，2003，30（4）：413－418.

［14］朱华平. 四川阿加隆洼金矿床的地质特征及矿床成因［J］. 黄金，2007，28（6）：18－20.

［15］范晓，何扬. 甘孜理塘构造带金矿科研报告［R］. 四川地质矿产勘查开发

局，2007.

[16] 王永华，曾琴琴，吴文贤，等．区域地球物理调查成果集成与方法技术研究[R]．成都：成都地质矿产研究所，2013.

[17] 付小芳，赵勇．甘孜嘎拉金矿床含金剪切带的蚀变特征及地质找矿意义[J]．四川地质学报，1996，16（1）：18－27.

[18] 刘增乾，徐宪，潘桂棠，等．青藏高原大地构造与形成演化[M]．北京：地质出版社，1990.

[19] 武斌，曹俊兴，强羽．根据磁异常特征预测红格岩盆底部大型铁矿[J]．物探与化探，2010，34（6）：795－799.

[20] 武斌，曹俊兴，邹俊，等．音频大地电磁测深在川西地热勘探研究中应用[J]．工程勘察，2011，39（9）：91－94.

[21] 武斌，曹俊兴，邹俊，等．音频大地电磁测深在康定小热水地热勘探研究中应用[J]．物探化探计算技术，2011，33（5）：507－510.

[22] 武斌，曹俊兴，唐玉强，等．红格地区钒钛磁铁矿地质特征及地球物理找矿的探讨[J]．地质与勘探，2012，48（1）：140－147.

[23] 陈琳荣，张皓，武斌，等．西藏罗布莎铬铁矿区重磁勘探应用效果研究[J]．四川地质学报，2014，34（4）：603－607.

[24] 武斌，邹俊，马代海，等．频谱激电法在天然气水合物勘查中的应用[J]．四川地质学报，2016，36（1）：135－138.

[25] 武斌，陈宁，刘和，等．从汶川“5·12”地震看地球物理预测地震[J]．四川地质学报，2016，36（4）：663－666.

[26] 皇健，余舟．四川省木里县梭罗沟金矿 2018 年度 AMT 物探成果报告[R]．四川省地质矿产勘查开发局物探队，2018.

[27] 皇健，余舟，冉中禹，等．木里县梭罗沟金矿 2019 年度地质勘查物探工作报告[R]．四川省地质矿产勘查开发局物探队，2019.

[28] 刘书生，范文玉，聂飞，等．四川木里梭罗沟金矿地质特征及控矿因素分析[J]．矿床地质，2014，33（S1）：23－24.

[29] 朱华平，刘书生，聂飞，等．四川木里地区新发现梭罗沟金矿床地质特征及矿床成因初探[J]．矿床地质，2014，33（S1）：71－72.

[30] 杨永飞，刘书生，聂飞，等．四川木里梭罗沟金矿床流体包裹体研究及矿床成因[J]．矿床地质，2019，38（2）：261－276.

[31] 谭耕莉，张文林，席孝义，等．四川省梭罗沟金矿区蚀变矿物标志的近红外光谱异常提取研究[J]．矿产与地质，2018，32（4）：759－766.

[32] 徐志明，周福钱，刘志祥，等．木里县梭罗沟金矿氧化带与原生带的划分标准及其应用探索[J]．城市建设理论研究，2013，32（4）：42－43.

[33] 孔旭，密文天，辛杰，等．基于证据权重法的雪峰山中段金矿矿集区找矿远景预测[J]．物探化探计算技术，2019，41（6）：832－842.

[34] 贾定宇，王宇航，王桂梅，等．一种新型井中激电装置在铜金矿上的应用

[J]. 物探与化探，2019，43（6）：1205—1210.

［35］ 郤文星，金尚刚，何彦南，等. 综合物探方法在湖北大冶鸡冠咀铜金矿深部及外围找矿中的应用［J］. 地质与勘探，2019，55（4）：1010—1025.

［36］ 陈天虎，林文通. 浙江治岭头金矿床成因研究［J］. 合肥工业大学学报（自然科学版），1994（1）：187—192.

［37］ 张炳林，杨立强，黄锁英，等. 胶东焦家金矿床热液蚀变作用［J］. 岩石学报，2014，30（9）：2533—2545.

［38］ 周国发. 玲珑金矿田构造蚀变岩带及找矿预测研究［D］. 北京：中国地质大学（北京），2009.

［39］ 张晓飞，孙爱群，牛树银，等. 胶东焦家金矿田成矿构造及控矿作用分析［J］. 黄金科学技术，2012，20（3）：18—22.

［40］ 张逗逗，汤井田，肖晓，等. 三维地质体对 AMT 二维反演的影响研究［J］. 物探化探计算技术，2019，41（1）：80—90.

［41］ 杨渊，张林，史朝洋，等. 综合物探法在小秦岭地区中酸性岩体圈定及空间解析中的应用［J］. 物探化探计算技术，2019，41（3）：386—393.

［42］ 曲少飞. 山东龙口大磨曲家金矿地质及地球物理地球化学特征［J］. 山东国土资源，2008，24（3）：26—30.

［43］ 宋国政，李山，闫春明，等. 焦家金矿田Ⅰ号主矿体地质特征及找矿方向［J］. 地质与勘探，2018，54（2）：219—229.

［44］ 宋明春，李三忠，伊丕厚，等. 中国胶东焦家式金矿类型及成矿理论［J］. 吉林大学学报（地球科学版），2014，44（1）：87—104.

［45］ 赵百胜，刘家军，王建平，等. 内蒙古赛乌素金矿稳定同位素组成特征及成因意义［J］. 矿物岩石地球化学通报，2007，26（Z1）：356.

［46］ 翟媛媛，刘建明，褚少雄，等. 内蒙古商都县双井子层控金矿床的成矿流体特征［J］. 地质与勘探，2016，52（3）：438—450.

［47］ 肖伟. 内蒙古长山壕金矿床地质特征与成矿成因研究［D］. 北京：中国地质科学院，2013.

［48］ 尚东汇，戴涛杰. 特拜金矿成矿地质条件分析［J］. 西部资源，2012（6）：142.

［49］ 李义明，王建平，彭润民，等. 内蒙古浩尧尔忽洞金矿床流体包裹体特征［J］. 地质与勘探，2013，49（5）：920—927.

［50］ 李俊建，骆辉，周红英，等. 内蒙古阿拉善地区朱拉扎嘎金矿的成矿时代［J］. 地球化学，2004，33（6）：663—669.

［51］ 江思宏，杨岳清，聂凤军，等. 内蒙古朱拉扎嘎金矿矿床地质特征［J］. 矿床地质，2001，20（3）：234—242.

［52］ 韩秀丽，李发兴，许英霞，等. 内蒙古阿拉善碱泉子金矿床流体包裹体研究［J］. 矿物学报，2010，30（3）：324—330.

［53］ 范宏瑞，谢奕汉，郑学正，等. 河南祁雨沟热液角砾岩体型金矿床成矿流体

研究 [J]. 岩石学报，2000，16 (4)：559－563.

[54] 邓丹莉，李葆华，高昆丽，等. 云南大坪金矿床流体包裹体研究及其意义 [J]. 地质与勘探，2016，52 (5)：865－873.

[55] 聂凤军，江思宏. 中蒙边境塔林大型金矿化带发现对我们的启示 [J]. 内蒙古地质，2000 (2)：20－23.

[56] 钱建平，陈宏毅，吴小雷，等. 胶东望儿山金矿成矿构造分析和成矿预测 [J]. 大地构造与成矿学，2011，35 (2)：221－231.

[57] 佟匡胤，杨言辰，宋国学，等. 黑龙江争光金锌矿地质特征、矿床成因及找矿潜力探讨 [J]. 地质与勘探，2015，51 (3)：507－518.

[58] 解国爱，朱愉火，张进，等. 浙江诸暨璜山金矿构造特征及深部找矿预测 [J]. 地质与勘探，2017，53 (4)：615－623.

[59] 杨梅珍，付晶晶，王世峰，等. 桐柏山老湾金矿带右行走滑断裂控矿体系的构建及其意义 [J]. 大地构造与成矿学，2014，38 (1)：94－107.

[60] 张栋，范俊杰，刘鹏，等. 新疆东准格尔松喀尔苏斑岩型铜金矿床的火山构造系统及其控矿作用 [J]. 大地构造与成矿学，2015，39 (4)：616－632.

[61] 仲文斌，张均，程元路，等. 安徽省上成金矿床构造控矿规律与成矿预测 [J]. 地质与勘探，2014，50 (4)：649－658.

[62] 周学武，邵洁涟，边秋娟. 四川松潘东北寨金矿黄铁矿标型特征研究 [J]. 地球科学——中国地质大学学报，1994，19 (1)：52－59.

[63] 刘华南，刘家军，李小伟，等. 内蒙古新地沟金矿床黄铁矿热电性特征及深部找矿意义 [J]. 中国地质，2018，45 (4)：819－838.

[64] 魏华财，邓红宾. 哈尔科地区金矿地质特征及找矿方向 [J]. 四川地质学报，2018，38 (3)：445－450.

[65] 程思智，徐翠微，宋文琪，等. 夹皮沟金矿床区域地质及地球化学背景 [J]. 四川地质学报，2018，38 (3)：410－412.

[66] 崔书学，袁文花，杨之利. 莱州寺庄金矿床深部地质特征 [J]. 西北地质，2008，41 (4)：82－92.

[67] 董随亮，黄瀚霄，刘波，等. 西藏弄如日金矿地质特征及找矿方向 [J]. 地质与勘探，2010，46 (2)：207－213.

[68] 宋明春，张军进，张丕建，等. 胶东三山岛北部海域超大金矿床的发现及其构造－岩浆背景 [J]. 地质学报，2015，89 (2)：365－383.

[69] 杨钻云，郑辉，李见，等. 康滇地轴北缘新台子金矿区矿床地质特征及找矿方向浅析 [J]. 地质与勘探，2013，49 (5)：846－854.

[70] 张林，张录星，杨彦峰. 嵴山地区重磁异常与成矿 [J]. 矿产与地质，2003，17 (97)：475－478.

[71] 高天，郭洋，陈彩云，等. 黑龙江乌拉嘎金矿床成因研究进展 [J]. 地质与勘探，2018，54 (2)：243－251.

[72] 张桂香，张生义. 乌拉嘎金矿控矿因素特点与激电法找矿效果 [J]. 科技信

息，2009（35）：1154－1155.

［73］牛树银，王宝德，孙爱群，等. 冀西北黄土梁金矿控矿构造分析及深部矿体预测［J］. 地质与勘探，2003，39（4）：17－20.

［74］韩进国，陈琦，曾友强，等. 井巷瞬变电磁法在某金矿超前预报中的应用［J］. 地质与勘探，2018，54（2）：344－347.

［75］王继斌，张廷斌，易桂花，等. 西藏尕尔勤铜金矿多光谱遥感蚀变分带矿物提取［J］. 地质与勘探，2018，54（2）：358－365.

［76］黄照祥，刘晓慧. 江西大石笏微细粒浸染状金矿床成矿地球化学异常及找矿模式［J］. 地质调查与研究，2007，30（4）：284－288.

［77］葛茂先. 四川冕宁金林金矿地质特征及找矿前景［J］. 四川地质学报，1996，16（4）：322－325.

［78］侯林，邓军，丁俊，等. 四川丹巴燕子沟造山型金矿床成矿流体特征研究［J］. 地质学报，2012，86（12）：1957－1971.

［79］王小春，卢盛明，胡江，等. 四川缅萨洼金矿地质地球化学特征［J］. 矿物岩石地球化学通报，1999，18（3）：26－28.

［80］辛存林，包小强，安国堡. 四川张家坪子金矿床地质特征及成矿作用［J］. 兰州大学学报（自然科学版），2016，52（6）：713－721.

［81］钱壮志，李厚民，胡正国. 青海五龙沟地区金矿控矿构造研究［J］. 西安地质学院学报，1997，19（S1）：27－32.

［82］罗朝坤，朱尤青，达伟. 贵州丹寨县排庭金矿成矿地质条件分析［J］. 云南地质，2017，36（4）：345－349.

［83］王纪钟. 根据区域重磁异常在豫西南圈定多金属成矿远景区［J］. 物探与化探，2011，35（4）：468－474.

［84］张建东，胡世华，秦宇龙，等. 四川省地质构造与成矿［M］. 北京：科学出版社，2015.

［85］曾道龙，吴盛莲，梁信之. 四川省区域矿产总结（第四册）［R］. 四川省地质矿产局，1990.

［86］崔先文，何展翔，刘雪军，等. 频谱激电法在大港油田的应用［J］. 石油地球物理勘探，2004，39（B11）：101－105.

［87］武斌，曹蜀湘，张淳，等. 激发极化法在四川红层地区水资源勘察中的应用［J］. 四川地质学报，2010，30（1）：111－114.

［88］李明雄，武斌，张国华，等. 四川西部马尔康—西昌—攀枝花地区采用新方法圈定航磁异常优选富铁矿靶区研究报告［R］. 四川地矿局物探队，2007.

［89］周国信，骆跃南. 攀枝花—西昌地区钒钛磁铁矿成矿规律与预测研究［M］. 北京：地质出版社，1981.

［90］刘天佑，刘大为，詹应林，等. 磁测资料处理新方法及在危机矿山挖潜中的应用［J］. 物探与化探，2006，30（5）：377－381.

［91］地质矿产部成都地质矿产研究所. 西昌—滇中地区地质构造特征及地史演化

[M]. 重庆：重庆出版社，1988.

[92] 刘宝田，江耀明，曲景川. 四川理塘—甘孜一带古洋壳的发现及其对板块构造的意义 [M] //青藏高原地质文集编委会. 青藏高原地质文集（12）. 北京：中国地质出版社，1983.

[93] 刘增乾，潘桂棠，郑海翔. 从地质新资料试论冈瓦纳北界及青藏高原地区特提斯的演变 [M] //青藏高原地质文集编委会. 青藏高原地质文集（12）. 北京：中国地质出版社，1983.

[94] Chen F，Li X，Peng J. Quaternary glaciation and neotectionics in westen Sichuan Province [M]. Beijing：Press of University of Science and Technology of China，1991.

[95] Burkhard Sanner，Constantine Karytsas，Dimitrios Mendrinos，et al. Current status of ground source heat pumps and underground thermal energy storage in Europe [J]. Geothermics，2003，32（4-6）：579-588.

[96] 刘福臣，王启田，程兴奇. 激发极化法探测泰山群变质岩地下水 [J]. 水文地质工程地质，2008（5）：72-75.

[97] 徐新学，夏训银，刘俊昌，等. MT 及 CSAMT 方法在城市地热资源勘探中的应用 [J]. 桂林工学院学报，2004，24（3）：278-281.

[98] 肖宏跃，雷宛. 地电学教程 [M]. 北京：地质出版社，2008.

[99] 冯健行. 黑龙江省大兴安岭古利库岩金矿床成矿物质来源分析 [J]. 矿产与地质，2006，20（1）：54-61.

[100] 杨伟寿，胡正文，何德润. 四川甘孜—理塘断裂带中段阿加隆洼金矿床地球化学找矿模式 [J]. 中国地质，2007，34（1）：123-131.

[101] 郇伟静，李娜，袁万明，等. 四川甘孜—理塘金成矿带成矿时代与构造活动的裂变径迹研究 [J]. 岩石学报，2013，29（4）：1338-1346.

[102] Zhang Y，Wang Q F，Zhang J，et al. Geological characteristics and genesis of Ajialongwa gold deposit in Ganzi-Litang suture zone，West Sichuan [J]. Acta Petrologica Sinica，2012，28（2）：691-701.

[103] Zhang W L，Cao H W，Yang Z M，et al. Geochemical characteristics and genesis of lamprophyres of the cenozoic from the suoluogou gold deposit. Sichuan province，China [J]. Bulletin of Mineralogy Petrology and Geochemistry，2015，34（1）：110-119.

[104] 杨永鹏，杨露云. 四川理塘阿加隆洼—亚火金（铜）矿带地质特征及找矿前景 [J]. 四川地质学报，2007，27（3）：170-176.

[105] 肖军，孙传敏，刘严松，等. 四川甘孜—理塘断裂带中段阿加隆洼金矿围岩蚀变特征及与金矿化关系 [J]. 地质与勘探，2008，44（6）：8-12.

[106] 燕旎，张静，袁万明，等. 川西甘孜—理塘结合带嘎拉金矿床同位素特征及成矿作用研究 [J]. 岩石学报，2013，29（4）：1347-1357.